矿渣立磨概论

王书民　编著

中国建材工业出版社

图书在版编目（CIP）数据

矿渣立磨概论/王书民编著 . --北京：中国建材
工业出版社，2020.8
　　ISBN 978-7-5160-3002-8

　　Ⅰ.①矿…　Ⅱ.①王…　Ⅲ.①矿渣－磨矿机－概论
Ⅳ.①TD45

中国版本图书馆 CIP 数据核字（2020）第 127362 号

矿渣立磨概论

Kuangzha Limo Gailun

王书民　编著

出版发行：中国建材工业出版社
地　　址：北京市海淀区三里河路 1 号
邮　　编：100044
经　　销：全国各地新华书店
印　　刷：北京鑫正大印刷有限公司
开　　本：787mm×1092mm　1/16
印　　张：9.75
字　　数：260 千字
版　　次：2020 年 8 月第 1 版
印　　次：2020 年 8 月第 1 次
定　　价：**98.00 元**

作者简介

　　王书民，生于 1964 年，山东新泰古河人。1985 年毕业于山东建筑材料工业学院工程测量专业，工作于一地方国有水泥厂，主要从事技术改造和生产管理工作。

　　1989 年该厂承担了国家经贸委和国家建材局的技改项目，引进立磨改造我国水泥生料制备系统。作者全程参与了立磨引进工作，并负责管理德国 Krupp-Polysius 立磨，也因此成为国内较早的立磨运行管理专家，迄今已有三十余年。

　　该厂政策性关停后，作者被聘请到国内各地从事立磨生产管理和技术服务，涵盖了水泥厂、矿粉厂及大型钢铁集团等相关企业的各种规格类型的立磨。他勤学习、善总结，在多年的实践中积累了丰富的经验。

　　作者历时七年，编著了《矿渣立磨概论》一书，具有较高的学术价值和应用价值。

　　国内知名立磨专家刘子河博士给予了积极评价并作序。

本书编委会

主　任：刘子河
副主任：王宏涛　王书民　张庆方
委　员：张　晔　朱兴杰　张新杰　邢建海
　　　　王振中　王　红　孟欣怡

序

　　正赶上新冠肺炎疫情春节休假期间，宏生公司董事长王宏涛联系我，让我为王书民编著的《矿渣立磨概论》一书写序。我一口答应，拜读此著作，收获颇大。

　　通篇拜读后，深感作者实践经验之丰富，对矿渣立式辊磨及系统工艺设备技术的熟悉，远在我接触过的大多数人之上，难免心生敬畏。能够有如此用心之人，实属难得。

　　众所周知，早期矿渣作为冶金废渣，曾经给钢铁冶金企业排渣带来很大困难。只有一少部分用于水泥原料混合材料，通过球磨机细磨和水泥混合，或者干脆就和熟料等一起制造矿渣水泥。当时有两点问题：一是矿渣粉细度粗，活性发挥不出来；二是产量低，电耗高。更不要说高细度及规模化矿渣粉生产了。有资料可查，最早应用立磨磨矿渣的是日本宇部兴产机械株式会社，20世纪80年代初期，在充分的实验室试验研究基础上，在日本制铁株式会社安装了UM32.4S矿渣立磨，矿渣粉所有的指标，产量、电耗、细度等都优于球磨机。后来，逐步发展成各种规格的矿渣立磨，满足不同的生产规模要求。有趣的是，宇部公司开始用四个辊子同时研磨，由于磨机振动大，生产不稳定，效率受到很大影响。由于偶然的机会，用两个辊子生产，抬起另外两个辊子或作为辅辊，不但产量上来了，磨机运转也非常稳定。形成了特有的矿渣磨2+2运行模式。德国莱歇公司为了区别于日本宇部公司，也采用2+2模式，只不过其中有两个相对的辊子设计得很小，另外两个正常设计，不但达到了研磨效果，还降低了制造成本。像德国伯利休斯、丹麦史密斯公司陆续开发了各自形式的矿渣立磨。由于规模化效应及产品性能的提高，使得矿渣粉的应用及规模化生产得以高度重视。国内也在20世纪80年代中期，陆续引进各种矿渣立磨。

　　我从日本博士毕业后在宇部兴产机械株式会社粉磨课组工作，2006年7月回国，在天津水泥工业设计研究院天津仕名粉体技术装备公司任立磨开发总工程师，一直到2015年离开。刚回国时，国内矿渣立磨及系统开发刚刚开始。天津院开发的TRM31.3S还在杭钢矿渣粉磨线处于调试阶段。经过一段时间的努力，解决了很多类似于传动、耐磨材料、分级技术及磨辊加压机轴承润滑等问题，满足连续生产的要求后，开始大规模投入市场。我先后主导完成了各种规格立磨开发，最大立磨TRM60.4原料立磨也成功用于河北矿峰水泥有限责任公司，台时产量达到近600吨。后来在此基础上，天津院又开发了TRM60.3S矿渣立磨。

　　再后来，国内其他研究设计单位如成都院、合肥院等陆续开发出各种不同规模的矿渣立磨。技术水平越来越成熟，使得产品及生产线规模越来越成熟，满足各种规模生产需要。目前最大规格矿渣立磨台时产量可以达到280吨以上，这些技术日益成熟，为国家节能减排及固体废弃物的应用创造了良好的技术保证。在此值得一提的是，由于不同的生产厂家及研究单位提供的工艺、设备及技术水平参差不齐，如果没有类似于作者这样奋战在一线的技术和操作维护人员的不懈努力，矿渣立磨粉磨技术发展水平很难有今天这样的成就。

这是一本非常好的实用性专著。从立磨各部件如传动到系统辅机工艺设备及调试操作等，都进行了比较详尽的说明。特别是通过亲身的生产实践，列举了大量的实例，对生产当中的注意事项及出现问题的解决方式、方法提出了自己的观点。这是非常难得的宝贵经验和知识财富，非常适用于设计研发和生产实践人员参考学习。作者把自己花费大量时间和精力总结的经验及技术诀窍在此与各位分享，体现了作者非常无私的奉献精神。本书中绝大多数观点是值得肯定和赞赏的，极个别的地方可能和大家的理解有不同之处。仁者见仁，智者见智，权当和大家交流、探讨，不影响作者的初衷和本意。相信有机会大家会逐步达成共识。

最后，对作者经过长达七年时间的准备和酝酿编著的此书，表示崇高的敬意。也希望此书能够给生产一线的朋友们提供宝贵的支持和帮助。

在此，感谢王宏涛董事长给我这个机会和殊荣，祝大家工作顺利。

刘子河
2020 年 2 月 8 日于北京

前　言

　　本书的矿渣立磨工艺方案、矿渣立磨安装管理、矿渣立磨试车方案、矿渣立磨操作规程、矿渣立磨运行管理、矿渣立磨问题警示，涵盖从设计到运行的全过程，并有一章为钢渣有效应用初步研讨，共七章内容。

　　《矿渣立磨概论》一书属作者本人原创作品，内容和观点也是本人一家之言，难免有些地方和大家的认知有所不同。正所谓仁者见仁、智者见智，诚邀有识之士藉此交流探讨、互相学习、取长补短、共同提高。

　　本人从 1989 年开始接触立磨，至今已有 30 余年的工作经历。先后管理过进口、国产，锥辊、轮胎辊，辊架式、摇臂式，磨盘直径从 1100mm 到 6300mm，水泥生料磨、煤磨、矿渣磨。其中管理过的矿渣磨规格类型最多、时间最长。本人从多年的工作实践中积累了丰富的经验教训，尤其是教训颇多。历时七年，记录工作中的点点滴滴，在业界同仁的鼓励和帮助下总结成书，供矿渣立磨建设者、管理者参考。

　　探讨矿渣立磨专业知识之前，先聊聊我对联轴器的了解。

　　联轴器是动力传输的连接部件，矿渣立磨有多处联轴器。如主电机和主减速机、减速机和磨盘，只要有动力传输，几乎离不开联轴器。

　　工作几年后，对设备检修有些了解：国内联轴器一般是热装，即检修现场用火烤或者是用废旧润滑油加热，达到一定温度，轴孔热胀后装到轴上，打上键等冷缩抱紧就完成了。拆联轴器也是如此，装上拉马，几把割炬喷枪同时烤，拉马加力，慢慢拉出来。很多情况是联轴器因生锈、变形拉不出来，只有采取破坏性拆卸：用割炬切割，然后换装新的联轴器。

　　接触大型联轴器是在 1990 年。

　　20 世纪 80 年代末期，原工作单位承担了国家经贸委和国家建材局的技改项目，引进立磨改造我国水泥生料制备系统。

　　其间，本人任职该厂技改办技术员，参与了引进工作的全过程。该厂从德国 Krupp-Polysius 引进一台 RM25/12 辊架式双轮胎辊水泥生料立磨。

　　在调试过程中，因操作不当，加之当时国产润滑油质量堪忧，造成减速机推力瓦磨蚀，需要拆卸修复。

　　立式行星减速机输出轴上装配的联轴器在业界叫推力盘，覆盖减速机顶面，由多块推力瓦支撑，用于连接减速机输出轴和立磨的磨盘，起到传递动力和承载压力的作用。要维修推力瓦，必须拆除推力盘。

　　德国工程师到场后，指挥我们拆卸减速机的联轴器。推力盘中心有个压盖，拆除后是减速机输出轴，轴中心有一个小孔，安装液压管道，用 20MPa 的手动液压泵向增压活塞打油，增压活塞输出 200MPa 以上的高压油，随着压力的升高，巨大的联轴器一声脆响从减速机输出轴弹出几毫米。撤掉液压装置，吊起移走联轴器。减速机输出轴光滑如镜，圆圆的轴没有键槽，联轴器的孔也没有键槽，依然是光滑如镜。

如此庞然大物竟然没有键，而是过盈配合，高压油将联轴器的孔撑开，安装到位后泄压、恢复抱紧、完成连接、传递巨大动力，绝不打滑。

国内开始消化吸收，多家齿轮箱公司研发制造立式行星减速机。

当前，国内轴和联轴器、输出轴和工作部件的连接仍然采用单键、双键、花键、鼓形齿等方式，部分动力传输采用胀套连接。

立磨配套的立式行星减速机的输出轴和推力盘（联轴器）的连接，大都采用鼓形齿连接，希望科研单位和设备制造商尽快采用过盈配合连接技术。

20世纪80年代末期，我国从国外引进立磨，替代球磨机制备粉体物料，在多个行业推广使用。国内的科研单位，在引进技术和设备的基础上，通过消化吸收、研发制造、改良改进，研发制造出适合国情、高产低耗、不同用途、不同规格的立磨。

现在，我国的立磨设计与制造技术，与发达国家的产品已经没有太大的区别，在适应性、售后服务、性价比等多方面已经优于进口产品了。

业界习惯将用于矿渣粉生产的立磨叫矿渣磨，一般都带有"S"标志。即Slag的首字母，如LM32.3S就是矿渣立磨。

国内某公司设计制造了世界最大的矿渣立磨，2017年9月在河北省曹妃甸投入运行。该磨机磨盘名义中径6800mm，配备主电机7200kW，设计产能285t/h，实际投料可达400t/h稳定运行。单台设备一条生产线，设计年产200万吨，满负荷运行可达250万吨以上矿渣粉的生产规模，同时创造了高产高效、低耗低成本的运行效果。

本书由天津宏生科技有限公司独家策划。在出版过程中，得到了江苏省金象传动设备股份有限公司、南通凌志环保科技有限公司、徐州中天耐磨材料有限公司的大力支持，在此表示感谢。

特别感谢福建三宝钢铁集团有限公司对作者的关心和支持。

个人能力所限，大部分内容来自工作实践，错误之处在所难免，欢迎业界同仁批评指正。

2012年12月初稿
2020年2月修订

目　　录

第 1 章　矿渣立磨工艺方案

1.1　立磨简介

1.1.1　立磨的起源

立磨的原理源于中国的石碾（图 1-1），发展于德国。

1990 年，我曾经与 Krupp-Polysius 在华工作的工程师讨论立磨的起源问题，德国工程师从带来的资料里展示了一张古老的中国石碾照片，很诚恳地说："立磨的原理确实来自中国的石碾。"

图 1-1　中国的石碾

几千年的石碾依然如故，在农村随处可见，至今仍然发挥着重要的作用，是不可或缺的粮食加工设备。说句真心话，石碾石磨加工出来的粮食特别好吃，具有纯正的粮食味，麦有麦香、米有米味儿。

自 20 世纪 20 年代，德国研制出第一台现代意义上的立磨以来，以其独特的粉磨原理弥补了球磨机粉磨机理的诸多缺陷。

立磨采用料床碾压原理粉磨物料，这与中国古老的石碾粉磨原理相同，都是在磨盘和磨辊之间碾磨物料。所不同的是，石碾是碾盘固定不动，碾砣在人力或畜力的推拉下沿碾盘滚动，而立磨是磨盘由机械驱动转动，磨辊固定加压从动，二者原理一致。

立磨具有粉磨效率高、电耗低（比球磨机节电 30%～50%）、金属磨蚀量小、烘干能力强、允许入磨物料粒度大、工艺流程简单、占地面积小、土建费用低，噪声低、污染小、寿命长、易操作、产品质量控制简捷可靠等优点，吸引着世界各国粉体工程研究人员潜心研究。同时设备制造商不断提升改进，立磨快速发展，在多个领域广泛应用。

1.1.2　立磨的分类

1. 按用途分类

可分为：水泥生料磨、水泥磨、煤磨、矿渣磨、钢渣磨、重钙磨、石英磨、长石磨、滑石磨、叶腊石磨等。

不同用途的立磨，设备本身有不同的设计和配置，最大的不同在于选粉机的结构和动力配置上。

2. 按磨辊个数分类

可分为：2 辊磨、3 辊磨、4 辊磨、6 辊磨。

依据最简单的三角稳定性原理，3 辊和 6 辊磨机是首选。为简化磨内结构，2 辊或 2+2 辊立磨，在矿渣粉的实际生产应用中，也达到了稳定的运行效果。

3. 按磨辊样式分类

可分为轮胎辊和锥辊，轮胎辊又有圆轮胎辊和可翻面轮胎辊（图 1-2）。

图 1-2　可翻面轮胎辊与锥辊

除辊型外，磨辊套和磨盘衬板的材质也在不断地发展和进步。2000 年之前，辊套和衬板大部分为整体铸造。随着耐磨材料的发展和进步，2010 年之后，大部分辊套和衬板为铸钢基材＋耐磨堆焊层的复合结构。

当今，陶瓷材料的磨辊套和磨盘衬板正在发展中，由于其耐磨性能优异，使用寿命是堆焊耐磨材料的 8～10 倍，在部分立磨，特别是矿渣立磨中，有很好的应用前景。

4. 按磨辊固定方式分类

可分为辊架式和摇臂式（图 1-3）。

图 1-3　辊架式与摇臂式示意图

辊架式立磨的代表是 Polysius 磨机。辊架式双轮胎辊立磨是研磨效率较高、能耗较低的立磨，但是维护检修比较麻烦，仍有生存和发展空间。

摇臂式立磨的典型代表是 Loesche 磨机。当前大部分立磨普遍采用摇臂式结构，使用可靠、维护简单。摇臂式通常采用可翻面轮胎辊或锥辊。

辊架和摇臂具有固定、支撑磨辊和传递加载压力的功能。

5. 按磨盘形式分类

通常所说的磨盘，实际指的是磨盘衬板。

磨盘底面连接减速机推力盘，顶面承载衬板。一般情况下固定不动。上下面均为高精度平面。衬板可分为双环槽盘、碗盘与平盘，辊架式双轮胎辊配双环槽磨盘衬板，摇臂式轮胎辊或可翻面轮胎辊配碗盘，摇臂式锥辊配平盘，如图 1-4 所示。

6. 按进料方式分类

按进料方式分可分为中心进料和侧边进料（图 1-5）。

立磨的进料装置具备两个基本功能：一是物料通过，二是有效锁风。

（1）中心进料

采取中心进料的立磨品牌较少，市场保有量不大。

中心进料入磨装置一般采用气动双翻板阀，由此造成选粉机传动部分结构复杂、维护困难；锁风阀和入磨穿心管易磨穿且维修困难；设备整体高度增高近一倍、上料系统

图 1-4　碗盘与平盘

延长、占地面积增大等不利因素。

（2）侧边进料

大部分立磨采用侧边进料方式。

侧边进料结构简单、使用维护方便，但也存在进料溜子容易磨蚀、粘料、堵料等问题。侧边进料装置有回转锁风阀、重锤翻板阀、振动给料机、封闭式给料皮带、管式螺旋给料机等。

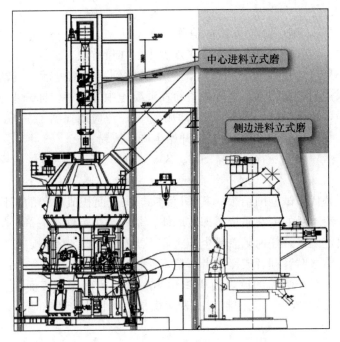

图 1-5　中心进料与侧边进料立磨示意图

（3）进料装置的选择

管式螺旋给料机专用于矿渣磨，锁风效果好、结构简单、维护方便。

管式螺旋给料机水平推进，安装位置在磨机机壳中段，有效降低了设备的整体高度，缩短原料输送线、减少占地、降低投资。针对目前的装备技术，结合矿渣的特性，个人以为：矿渣立磨入磨装置采用管式螺旋给料机是首选。

1.1.3　立磨的概念

什么是立磨？立磨的概念是什么？

简单总结一句话，立磨是一台集粉磨、烘干、选粉于一体的制粉设备。

20 世纪 80 年代末期，我国从国外引进立磨，替代球磨机制备粉体物料，在建材、电力、钢铁、矿山等行业广泛推广使用。国内的科研单位在引进技术和设备的基础上，通过消化吸收、改良改进，研发制造出适合我国国情、高产低耗、不同用途、不同规格的立磨。

现在，我国的立磨设计与制造技术，与发达国家相比已经没有太大的区别了，在适应性、售后服务、性价比等多方面已经优于进口产品。

业界习惯将用于矿渣粉生产的立磨叫矿渣磨，一般都带有"S"标志，以区别其他用途的磨机。

1.1.4　产品简述

由于讲述的是矿渣立磨专业知识，主要产品是 S95 级矿渣粉，因此，有必要简单了解产品知识，便于生产管理。

1. 产品发展

在 1995 年之前，钢厂高炉炼铁矿渣作为工业废渣，仅限于作为水泥混合材使用，以混合粉磨为主。因其难磨、水分大，在水泥中的掺量有限，钢铁厂需要占用大量场地堆存。后来国外通过大量的研究和试验，把矿渣磨到一定细度后，其活性能够得到释放，可以提高水泥的后期强度。这种矿渣粉在混凝土中等量替代部分水泥，不但能够提升混凝土的质量，还可以降低成本，为高炉矿渣的广泛应用找到了一条途径，矿渣从此开始变废为宝。我国从 2000 年前后，也开始生产矿渣粉。

粒化高炉矿渣粉分为三个级别：S75、S95、S105。其主要质量指标是活性和比表面积。

活性是水泥替代率试验的结果，其 7d 活性与比表面积成一定的正比例关系，决定最终性能的是矿渣本身的内在质量，即玻璃体含量。高炉炼铁造渣剂、炉况波动、粒化工艺的不同是决定因素。任何矿渣粉生产企业，当活性出现波动时，首先分析原料的原因，把责任强加给立磨管理者或操作者，是不能解决问题的。

国标规定 S95 级矿渣粉的比表面积 $\geqslant 400 \mathrm{m}^2/\mathrm{kg}$。为确保比表面积合格，实际生产中比表面积通常按 $\geqslant 420 \mathrm{m}^2/\mathrm{kg}$ 控制。比表面积是矿渣粉生产管理者唯一能控制的质量因素。

2. 产品用途

矿渣粉等量替代水泥，在水泥生产、混凝土及水泥制品中广泛使用，可以明显地改善混凝土和水泥制品的综合性能。矿渣粉作为高性能混凝土的新型掺合料，具有改善混凝土各种性能的优点，具体表现为：

可以提高混凝土的强度，能配制出超高强混凝土；有效抑制混凝土的碱骨料反应，提高混凝土的耐久性；有效提高混凝土的抗海水浸蚀性能，特别适用于海基工程；显著减少混凝土的泌水量，改善混凝土的和易性；显著提高混凝土的致密性，改善混凝土的抗渗性；显著降低混凝土的水化热，适用于配置大体积混凝土。

这样的矿渣粉，既能直接供给混凝土搅拌站作掺合料，又能与熟料、石膏粉合成高掺量矿渣水泥。产品具有更加优越的性能、更加低廉的成本。自 2000 年以来，已在国内形成一个新兴建材产业，有着广阔的市场前景。

3. 国家标准

2000 年，国家第一个矿渣粉标准 GB/T 18046—2000 出台，为产品使用提供了法律许可，2008 年进行了第一次修订，2017 年再次修订，GB/T 18046—2017 于 2018 年 11 月 1 日正式实施。

新国标有两大主要变化：

一是 7d 活性由 75％ 调整为 70％ 的合理指标。指标不切实际，大多数矿粉生产企业正常生产达不到，被迫无奈采取非常措施甚至造假达标。合理指标对合法合规的矿渣粉生产公司无疑是利好。

二是烧失量由 3％ 降为 1％，对规规矩矩、老老实实的矿渣粉生产企业无疑也是利好，对掺杂使假加强了限制。因为矿渣里含有 0.1％ 左右的 Fe，生产过程中不可能除尽，Fe 在灼烧过程中氧化，质量增加。理论上，纯净的粒化高炉矿渣粉烧失量是负值。

这次国标的修改务实进步，值得肯定。

国家标准是对产品质量的最基本要求，入库产品经检验，必须满足国家标准的各项指标方可出厂。

1.2　工艺方案的选择

一条矿渣粉生产线是否高产高效，取决于以下三个主要方面：工艺、设备和管理。

工艺和设备是一个不可分割的有机整体，如同人类的灵魂和躯体。工艺是灵魂，设备是躯体。灵魂失去了躯体犹如海市蜃楼，躯体没有了灵魂犹如废铜烂铁，只有二者有机结合，才能焕发生机、发挥作用。这是个人对工艺与设备关系的认识和理解。

再优秀的工艺方案，没有好的设备来执行，也是形同虚设；同样的道理，再好的设备，没有优秀的工艺设计，也不能发挥其性能。有了优秀的工艺、精良的设备，还必须有优化的管理，管理是对工艺和设备的有力保障。

一个合格的矿渣粉立磨生产线管理者，必须懂工艺、知设备、会管理。

1.2.1　年产量的确定

当一个公司确定建设矿渣粉生产线，首先就是确定年产量。年产量的确定，不同类型的行业有不同的原则。

1. 长流程钢铁公司

确定年产量的唯一原则就是炼铁高炉矿渣产量。

例如：某钢厂年产 500 万吨铁水，相应的矿渣产量 180 万～200 万吨，应当建设一条 200 万吨生产线，经过优化设计和管理，完全可以达到实际年产 220 万吨，保有 20 万～40 万吨的富裕产能，为消化固废、增加效益预留空间奠定基础。

为什么要留出一定的富裕产量？回答是必须留，预留的富裕产能会产生特别效益，这得益于国家标准的修订和完善。

当前，矿渣粉立磨单机生产线已达年产 200 万吨以上，当矿渣产量在年产 200 万吨以下时，建议钢厂选择一条生产线。

单机设备越大、产量越高，相应的电耗、热耗越低，单耗费用也越低，综合成本更低，无疑会增加市场竞争优势，提高公司经济效益。国产最大的 6800S 矿渣立磨，单耗可以做到 33kW·h/t 以下稳定运行，这是小型立磨做不到的。

2. 建材类公司

建材类公司建设矿渣粉生产线，则要依据市场容量原则和原料来源稳定性综合考虑，合理规划建设规模。

1.2.2　磨机产能的确定

磨机产能就是台时。单位产量的确定十分重要，直接关系设备选型。

有人说了，既然年产量已经确定，单位产量确定还不简单。比如年产 100 万吨，一年 365 天一天 24 小时，总产量一除，约等于 115t/h，选个台时 115t/h 的磨机就好了。

这样计算不正确，设备选型应当充分考虑以下因素：

矿渣磨不是一台可以长期连续运行的设备，而是每运行 1800h 左右就要停机修复，一般每次修复 4～7 天，综合考虑全年 20 天。日常保养、检查维修，考虑每月 2 次，每次 0.5 天，全年累计 12 天，计划外（库满、待料、待能源、设备故障等）每月 1 天每年 12 天，考虑春节放假 7～10 天全年停机 55 天左右，运行 310 天。计划建设一条年产100 万吨生产线，合理的设备选型为：磨机产能是 135t/h 而不是 115t/h。

在北方，冬季土建施工封冻停工，不同的纬度和海拔，封冻日期不定，高纬度、高海拔地区最长可达 6 个月，沿海的矿粉生产线尚可船运外销，内陆的就只能冬休了。原料矿渣可以大量长期堆存，矿粉不能长期存放，也没办法大量储存，一般成品库只有 7 天库容。

综合考虑以上因素，剔除停机时间，理性计算运行时间，合理确定单位产量，据此进行设备选型。

1.2.3　工艺方案的确定

当年产量、单位产量确定后，就要确定工艺方案。立磨有不同用途，不同用途有不同的工艺方案、不同的系统工艺参数和不同的设备配置。整体来讲，立磨工艺方案分为：一级收粉工艺和二级收粉工艺。

1. 一级收粉工艺

磨机后设置一台收粉器（袋式除尘器）收集成品，收粉器后设置一台主风机为系统提供风量。

合格成品在风力作用下，经选粉机从磨内抽出，再经收粉器过滤收集，成品经输送设备送入成品库。大部分热风经混风室再次循环使用，少部分洁净含水分热风外排。

2. 二级收粉工艺

合格成品出磨后进一级旋风收粉器，理论上 99％以上的成品被旋风除尘器收集，旋风除尘器后是系统风机。系统风机后低粉尘热风分两路：

70％以上的热风经混风室再次入磨循环使用；30％以下含粉尘热风，经二级收粉器（袋式除尘器）收集成品，与旋风收粉器收集的产品混合后，经输送设备送入成品库。过滤干净含水分的热风经二级风机外排。

同规格的立磨，由于原料 Bond 功指数不同、产品比表面积不同，产量有很大的差距。比如 RM5600 立磨，用于生产水泥生料，产量可以达到 500t/h；而用于生产矿渣粉，产量只有 150t/h。因此，同规格的立磨，设备配置有不同，工艺参数、工艺方案也有不同。

矿渣立磨生产线通常选择：一级收粉工艺方案（图 1-6）；

生料立磨生产线通常选择：二级收粉工艺方案（图 1-7）。

3. 工艺方案的确定

由于矿渣的 Bond 功指数较高、产品比表面积较高，同规格的设备产能较其他用途的立磨较低，因此矿渣立磨生产线选择：

一级收粉工艺方案。

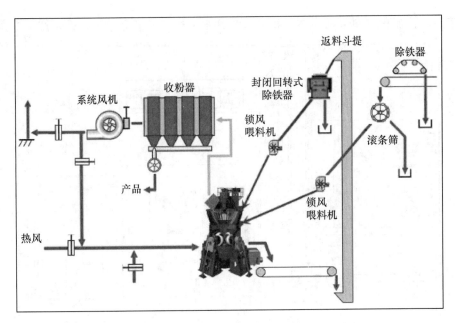

图 1-6　一级收粉工艺示意图

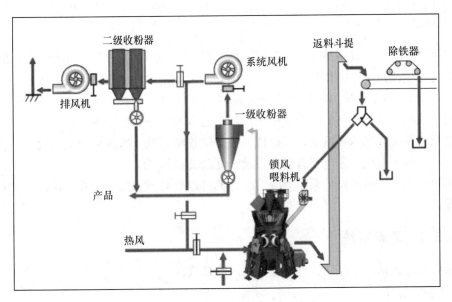

图 1-7　二级收粉工艺示意图

1.3 工艺设备技术方案

按照工艺流程（图 1-8），本节将分系统详细讲述《矿渣立磨工艺设备技术方案》。

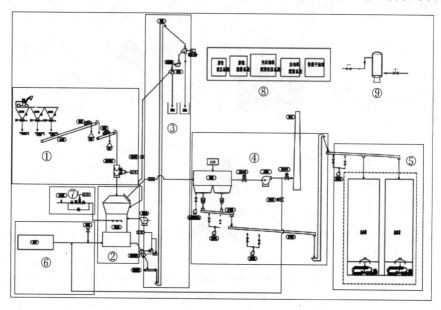

图 1-8 矿渣立磨工艺流程及系统划分

系统划分：

①原料计量上料系统，②磨机系统，③返料系统，④收粉系统，⑤成品储运系统，⑥热风系统，⑦喷淋系统，⑧润滑加载系统，⑨公辅系统。

之所以叫"工艺设备技术方案"，就是在讲述工艺方案的同时，一起讲述设备配置、设备性能和生产技术、操作控制、经验教训等。也就是说，不仅讲工艺、讲设备，同时讲技术，把 30 多年积累的工作经验毫无保留地讲给同行业者。为便于讲解，需要对生产线进行系统划分。一条矿渣粉立磨生产线，通常可以分为以下系统：

①原料系统，②返料系统，③磨机系统，④收粉系统，⑤成品储运系统，⑥润滑加载系统，⑦热风系统，⑧电器自动化系统，⑨公辅系统。

不同工艺设计有不同的系统划分方案，其可以划分得更加详细或简化，主要目的是便于设备管理。

1.3.1 原料系统

原料系统包括原料存储、计量上料、入磨装置。

1. 原料储存

（1）设置封闭棚式硬化防渗堆场。

图 1-9 是一个 5 万吨容量的封闭堆场，于 2013 年建成，有直供卸料、缓存卸料、冬季检修布料堆存等设计和设备配置。

当前，环保标准和要求越来越高，大宗散装原料露天堆放，迟早会被禁止，与其届

图 1-9　设施完善的封闭式矿渣堆场

时被整改关停，不如先行一步，高起点建设或尽快改造现有堆场。

是否高标准建设，取决于业主的思想观念和环保意识。很多矿渣粉生产线已经建成封闭棚式原料堆场，而且外观亮丽美观、功能齐全。但是，仍然有不少矿渣粉企业，甚至是大中型钢铁企业的矿渣粉生产线依然是简易地面，露天堆放。当环保检查时，紧急采购覆盖网，调动员工用草绿色遮盖网覆盖，疲于应付。

（2）堆场地面做硬化防渗漏处理、四周设计排水收集系统。矿渣沥水高碱性，pH 值通常大于 10，严禁直接外排污染地下水源。

（3）设置 2＋1 钢制地下式受料斗，通过装载机将原料送入受料斗，每个受料斗容积不小于 1h 的使用量。

（4）受料斗顶面高于硬化地面 100～200mm，缓坡设计。设置网格筛，有足够强度、支撑牢固，满足装载机行走、拍碎板结物料时不变型。一般用厚度（δ）≥16mm 钢板制作，高（H）200mm，孔距 150mm×150mm，如图 1-10 所示。

2. 计量上料

（1）受料斗。每个钢制受料斗侧壁设 2 台振动电机，做牢固支架水平安装（不要斜挂在受料斗侧壁）。受计量皮带反馈量（低于给定量 10％自动启振）自动控制及远程（中控）手动控制、本地手动控制。

（2）棒条阀和出料口。受料斗下设置 1000mm×800mm 棒条阀（产量大小配置不同）、可调节出料溜子。出料宽度不大于计量皮带有效宽度的 2/3，开口合理，在设计

图 1-10　受料斗顶面结构牢固的网格箅子

负荷给料量时，运行频率 35～40Hz。

（3）计量皮带。计量皮带一用一备一辅设置，称量范围 1.5 倍设计产量，计量精度 ≤1％。设置一台 50％设计产量的计量皮带，以备添加辅料。

（4）除铁器。上料皮带安装 2 级自卸式除铁器，设置溜槽和废铁暂存仓。仓下电动阀，便于装车外运，避免直接排到地面造成二次污染。

（5）上料皮带。为减少占地，上料皮带角度较大，通常都在极限的 16°设计，因此带速按≥1.25m/s 设计。驱动和改向端，均有一定长度的水平段。配置止逆器、电动辊刷清扫器，轻重 2 级跑偏开关、拉绳开关、打滑开关，按左右位置现场顺序编号、涂装标识，分别进入中控记录、报警、跳机。

（6）杂物清除。原料出皮带进条型回转筛，合格原料入给料机，筛余杂物入废料仓暂存。

（7）通廊和框架。按建筑标准建设皮带通廊（图 1-11），设置窗、通风器。设置皮带机头与返料斗提共用的框架，顶层高于返料斗提，留足吊装空间，设置≥2t 电动葫芦。

（8）地坑。上料皮带地坑最末端设置强力排风机。地坑地面鱼脊形，≥3％坡度向四周排水、周边排水槽（L150mm×H100mm），最里端设置集水井（不小于 600mm×600mm×600mm），设置固定排污泵（受水位自动控制和手动控制）。地坑斜面两侧做台阶，地面抹平压光，杜绝浇筑毛面。

3. 入磨装置

（1）矿渣立磨首选管式螺旋给料机（图 1-12）。机壳、轴、刀片耐磨材质，保证运行 8000h 不发生磨穿、漏风、漏料，避免因刀片磨蚀产能降低。

图 1-11　建设中和建成后的皮带通廊

图 1-12　螺旋给料机侧边进料方式的立磨

（2）原料入磨采取侧边进料、中心落料的方式。设置原料独立中心料管，与选粉机集料锥内返料和外返料隔离，避免干湿混料造成凝结堵料，如图1-13所示。

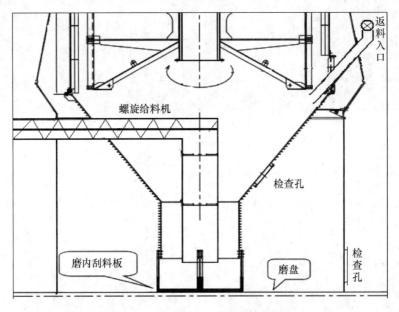

图1-13　干湿分离双套管进料设计

（3）内管选用厚壁耐磨材质贴耐磨陶瓷（图1-14）。

图1-14　贴耐磨陶瓷片的下料管

（4）设置运行检测，中控显示、报警。内外轴承采用智能集中干油润滑。

（5）有通向磨辊平台和返料框架双通道。

1.3.2　返料系统十喷淋系统

1. 返料系统

（1）返料产生的原因

原料入磨后，经过磨辊和磨盘碾压研磨，物料越过挡料圈进入风环，大部分物料被热风吹起。部分颗粒较大、密度较大的物料如铁粒，不能被热风吹起，落入磨机下机体，经刮料板刮出磨外，这部分物料就是返料。

（2）返料的作用

返料有稳定料床、调节磨机压差，反应磨机工况等作用。尤其是矿渣中含有 0.1% 左右的铁，要把这部分铁从矿渣中分离出来。这些选出来的铁粒不但能创造不菲的经济效益，还能够起到减少磨辊磨盘磨蚀、延长堆焊层使用寿命的作用。

（3）返料工艺及设备配置（图 1-15）

出磨溜槽底边、侧边采用耐磨材质或镶耐磨衬板。

有视频监控，准确观察返料量及返料状况。

返料输送首选密封式刮板机，次选耐高温皮带（≥150℃），做好密封、配置安全开关。

斗提选用耐高温（≥150℃）钢丝胶带式。配置跑偏、打滑、堵料检测，中控显示、报警、跳机。

出斗提后设置三通和废渣仓，虽不常用，却在启停机、工况不稳等异常情况时起到重要作用。

三通后设置密封回转式除铁器，为达到除铁彻底，建议设置 2 级，铁粒入暂存仓，仓下设电动阀。

返料经锁风阀入磨，进选粉机集料锥内，与选粉机回料一起落入磨盘。杜绝落入原料输送设备与原料混合入磨。

返料系统扬尘保证达到国际排放标准，若不达标，设置单机除尘器。

（4）返料地坑

地坑地面≥3%坡度向四周排水，周边设排水槽，末端一角设集水井（不小于600mm×600mm×600mm），设置固定排污泵（受水位自动控制和手动控制）。

设置斜梯。

2. 喷淋系统

设置喷淋系统是矿渣磨与其他磨机的不同之处。

（1）喷淋系统的作用

一是稳定料床，避免磨机振动，稳定工况；二是紧急情况时，降低出磨温度，防止收粉器布袋受损。

（2）喷淋工艺及设备配置（图 1-16）

按照不同规格的磨机，系统管径 $\Phi20\sim50$mm，管路和设备统一管径。

可以从冷却系统主管直接取水，稳定保持系统水压 0.2～0.3MPa，如果系统水压不稳，单独设置供水泵或采取管道稳压。

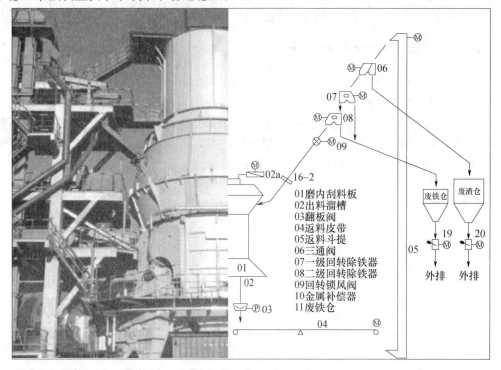

01 磨内刮料板
02 出料溜槽
03 翻板阀
04 返料皮带
05 返料斗提
06 三通阀
07 一级回转除铁器
08 二级回转除铁器
09 回转锁风阀
10 金属补偿器
11 废铁仓

图 1-15　返料系统现场照片及工艺流程示意图

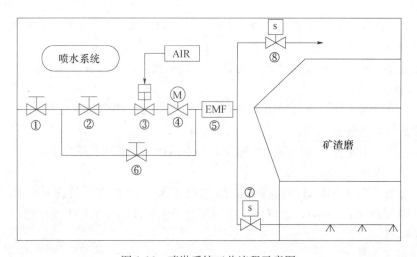

图 1-16　喷淋系统工艺流程示意图

设备配置情况：

①总阀门，②手动截止阀，③气动快切阀，④电动流量阀，⑤电磁流量计，⑥旁通手动调节阀，⑦主路电磁阀，⑧支路电磁阀。

保持管道，阀门仪表通径一致。

1.3.3　磨机系统

磨机系统包括：辅传、主电机、主减速机、磨辊、磨盘、挡料圈、风环、刮料板、选粉机、集料锥、机体等。

1. 辅传

通常立磨都设置辅传，辅传的主要作用是什么？

矿渣磨不是一台长期连续运行的设备，而是每运行 1800h 左右就要停机修复，堆焊磨辊、磨盘、挡料圈。因此，矿渣立磨的辅传，主要作用就是为堆焊修复提供驱动。

主要作用明确，我们就得简单了解堆焊的有关知识，才能合理设计、配置辅传。本人在金属耐磨科技公司工作过一段时间，对磨辊磨盘的堆焊修复具有一定的专业知识积累，能把这个事情说得比较清楚。

电机、减速机功率配置：满足空载状态下，所有磨辊退出机械限位，泄压落辊后驱动正常。依据磨机大小，配置功率 11～55kW。

减速机速比：减速机速比是整个辅传系统设计的关键，在这里不做过多解释，直接告诉大家正确、实用数据为减速机输出轴 6～8r/min。

驱动控制：采用变频控制，设置本地操作箱。

离合器：选用斜齿型离合器，具备自动退出功能、配置气动推杆、有脱开机械锁定。

斜齿型离合器（图 1-17）：不仅使用安全方便，更为重要的是不会造成主电机和减速机反转，以免对主减速机螺旋伞齿造成伤害。因此避免选择直齿型离合器。

图 1-17　辅传斜齿离合器

2. 主电机

矿渣立磨相对其他用途的立磨，因原料 Bond 功指数较高、产品比表面积较高，所以配置功率比较大。配置小的有 1600kW，大的有 7200kW。所以主电机选型和配置、保护和使用十分重要。

当前，矿渣粉经过前几年的市场异常繁荣，立磨制造商雨后春笋般遍地开花，EPC 总包商越来越多，相对于有限的建设市场，竞争惨烈。

招标过程价低者优先中标，承包商被迫选择低价产品，导致绕组铝包电、翻新轴承频频出现。这不是承包商一家之责，因为建设方在招标文件和技术协议里没有明确，使用中发生问题就不要责怪承包商。

选择一台好的电机，并做好保护，必须做到以下几点：

（1）选用知名品牌、纯铜绕组、双伸轴电机。

（2）选用绕线式电机，采取水阻启动、进相补偿。

（3）集电环碳刷室带吹扫风机。

（4）补偿器选用静止式进相器，或选择更加先进的动态补偿器，补偿量合理，确保运行时 $0.95 \geqslant \cos\Phi \leqslant 1$。

（5）进相器依据功率因数可实现自动投入、自动切除。

（6）进相器的投入设置必要条件，条件不具备投入无效或不可投入，主电机停机、空载时具备自动硬切除功能。

（7）由于大部分矿粉公司主电机的工作场所有较大的粉尘，定子绕组首选水冷式。寒冷地区谨慎考虑，以防冬季冻裂机体。

（8）1800kW 以下可选滚动轴承。

（9）定子绕组、前后轴承设置温度检测装置，热电阻选用双支型。测量结果中控显示、报警、跳机。

（10）提供制造商出厂检测报告、试车报告、合格证。

3. 主减速机

主减速机是立磨最珍贵的部件。单体部件价值最高，一台减速机几乎占了整个磨机 20% 以上的造价，大部分立磨制造商需要专业的第三方配套。

在使用过程中，无论是减速机选型问题、安装问题、使用问题，一旦损坏，将造成重大经济损失，同时会有很长的维修周期，造成长时间停机停产。

长期停产的结果很严重，会造成员工队伍不稳定，原料采购间断、堆场容量不够，更加严重的是客户丢失。

在招标文件和技术协议中没有明确有关减速机的各种要求，设备质保期往往只有 12 个月。所以，减速机的选择，必须明确有关技术要求，以免在建设和使用中发生问题后责任不清、互相推诿。

（1）首选二级传动。

选择二级减速传动立式行星减速机（螺旋伞齿＋行星轮），避免选择平衡轴式三级传动减速机。

图 1-18、图 1-19 是二级传动与三级传动立式行星减速机的结构示意图，二级减速传动与三级减速传动在使用中，可靠性、稳定性有很大的差别。

请认真审图，判定优缺点，然后选择减速机。

（2）关键部位如螺旋伞齿或行星轮安装时，邀请甲方到制造厂现场监造。

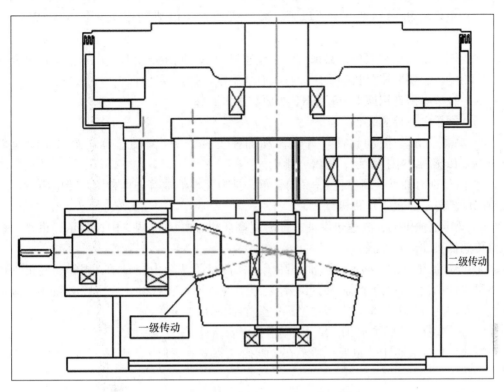

图 1-18　二级传动立式行星减速机示意图

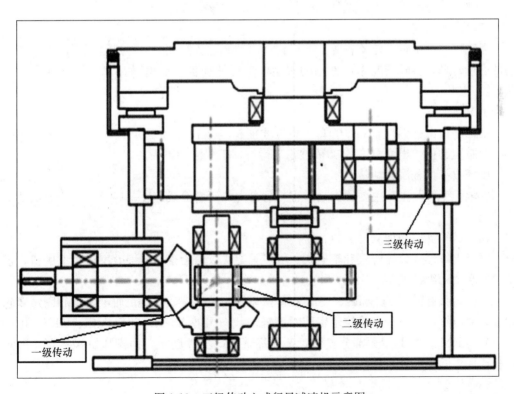

图 1-19　三级传动立式行星减速机示意图

（3）主电机机功率 2000kW 以下，减速机功率≥电机功率 10%；2000kW 以上≥5%。

不要用理论数据和服务系数来解释：减速机功率等同主电机甚至小于主电机是合理的、可用的。想要减速机长期稳定运行，有功率富裕是必要选择。

（4）轴承必须选用原 FAG、SKF 等原装进口品牌。

（5）配置以下检测装置：

① 垂直＋水平振动检测，首选振动加速度（mm/s²）传感器，次选振动速度（mm/s）传感器。中控显示、报警、跳机。

② 内外推力轴承（高速包）、径向轴承、推力瓦、油池等温度检测，热电阻选用双支型。中控显示、报警、跳机。

③ 低压油池供油、高速包供油、推力瓦高压供油压力检测，中控显示、报警、跳机（传感器可在油站设置）。

④ 设置低压供油、高速包供油、高压供油流量检测，中控显示、报警、跳机（传感器可在油站设置）。流量监测的可靠性是压力检测不可替代的。之所以必须设置流量检测，是惨痛教训的结果，在问题警示里会详细讲述。

⑤ 提供制造商出厂检测报告、试车报告、合格证。

减速机的安装也十分重要，避免在短期内导致减速机损坏，有关安装问题，《矿渣磨安装管理》详细讲述。

4. 磨辊

主减速机是磨机最贵的部件，磨辊则是磨机的核心部件。

（1）磨辊样式

磨辊样式有锥辊、轮胎辊等不同形式，两种磨辊各有优点。通过对不同辊型矿渣立磨的运行管理，实际情况是：不同的辊型，工况适应性、研磨效率、金属磨蚀量等有差异。

工况适应性：

锥辊磨机出磨温度保持 100℃，磨机才能稳定运行，低于 95℃，磨机工况迅速变差；轮胎辊磨机，出磨温度 80℃依然稳定运行，工况波动不大。

研磨效率、金属磨蚀量：

锥辊优于轮胎辊。主要原因是磨辊与磨盘内外研磨面线速度差以及有效研磨面的大小不同。

（2）磨辊支撑和加载

磨辊支撑形式分摇臂式和辊架式。虽然辊架式双轮胎辊是研磨效率最高的磨机，但是检修麻烦、维护困难。

当前，只有德国 Polysius 一家还在坚持设计制造辊架式立磨。辊架支撑和固定双轮胎辊，液压缸通过拉杆直接拉动辊架对磨辊加载。国外 Loesche、Smidth、UBE，国产 HRM、TRM、MTP 等大部分立磨，选择摇臂方式支撑磨辊，由液压缸经摇臂，通过杠杆原理对磨辊加载。

（3）辊数

当前，立磨有 2 辊、3 辊、4 辊（含 2 主 2 辅）、6 辊（含 3 主 3 辅）。首选 3 辊或 6

辊磨机，道理很简单：三角形的稳定性好。

（4）检测保护

配置磨辊转速、料层厚度检测，中控显示、报警。配置磨辊前后轴承温度检测，热电阻选用双支型，中控显示、报警、跳机。杜绝使用回油检测。回油分不清前后轴承，不能及时正确反映轴承温度。

（5）磨辊材质

当前选用复合辊，保证耐磨堆焊层一次使用寿命≥1800h。随着陶瓷材质性价比的进一步优化，下一步选择陶瓷材质的磨辊也是一个发展方向。

（6）磨辊轴承

众所周知的原因，国产轴承的质量在此就不用多说了。磨辊轴承首选原装进口铁姆肯品牌，供应商坚持使用国产轴承，必须保证使用期限3年以上。必须选用标准规格轴承，杜绝使用非标规格。

（7）磨辊润滑

磨辊轴承润滑的关键是油路设计合理，优化合理的设计方案如下（图1-20）。

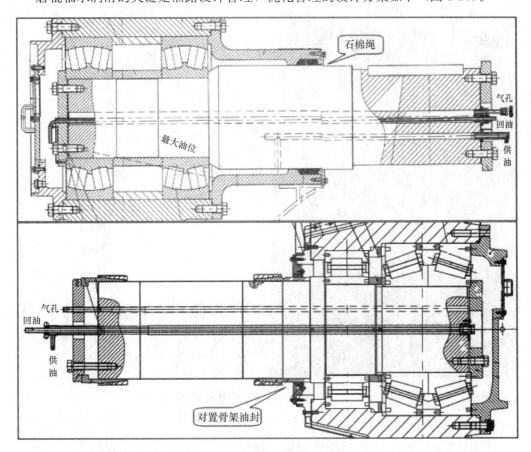

图 1-20　两种不同的润滑油路设计

供油：润滑油经辊轴偏心孔，进外轴承外侧，流经外轴承、内轴承、进入端盖腔。

回油：中心回油管伸入端盖腔并向下弯曲，保持稳定油面高度，经抽油泵，中心油管、磁滤、双通滤、冷却后抽回油箱。

油路设计合理，较少的供油量，就能达到润滑、降温的作用，且回油及时，油位稳定，气孔不溢油。

油路设计不合理，大量供油也不能起到作用，经常发生轴承温度高温报警，加大供油量后因回油不及时导致气孔溢油。

磨辊在极压状态、极恶劣环境里工作，环境温度高达300℃以上、粉尘浓度高达5kg/m³以上，所以润滑油不仅对轴承起到润滑作用，还起到冷却、冲洗的作用。因此，希望每一家立磨制造公司重视辊轴承润滑设计的优化。

（8）磨辊密封

磨辊密封通常设置对置骨架油封，采用干油润滑，保证密封效果、延长使用寿命。密封风机至关重要，确保运行可靠、确保风量风压、确保吹扫干净。

国内某立磨制造公司，优化磨辊密封设计，密封腔延长磨外、无骨架油封、无密封风机。该技术是该公司的专利发明（图1-21）。

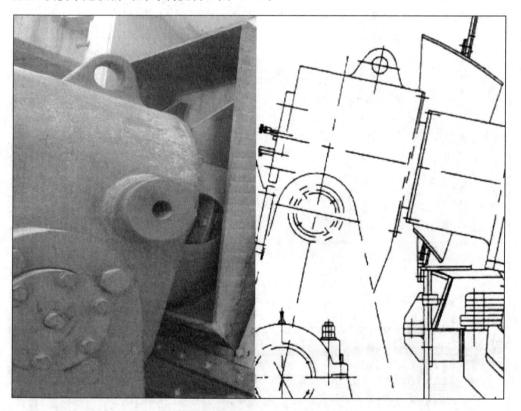

图1-21　密封腔延长至磨外的磨辊密封结构设计

这种磨辊密封的优点显而易见：

① 密封腔在磨外，不受磨内粉尘冲刷磨蚀和污染，密封简单，可保持长期有效。

② 没有密封风机，减少磨内漏风，降低磨机负荷。

③ 从设计上彻底解决磨辊密封损坏、润滑漏油问题，解决磨辊轴承被粉尘污染提前失效问题。

希望每一家立磨制造公司借鉴本优化方案，改进磨辊密封，延长磨辊密封腔至磨外，撤掉密封风机。

（9）其他

配备检修翻辊装置、吊装工具、专用液压拆卸工具。

磨辊平台除通向磨机地面通道外，设置通向收粉器框架或返料框架的通道，保证双通道。

5. 磨盘

（1）磨盘衬板

在立磨设备使用和管理中，通常所说的磨盘，实际是磨盘衬板。衬板安装在磨盘顶面，用涨紧块压紧。

选用复合衬板，耐磨堆焊层一次使用寿命≥1800h。

磨盘与减速机推力盘连接固定，除非减速机出现问题，一般不会拆装检修。

（2）挡料圈

挡料圈在磨盘外边缘，高度可调，内侧采用耐磨堆焊材质，在堆焊磨辊、磨盘时，同步对挡料圈内侧堆焊修复。

挡料圈的高度是否合理，对磨机运行十分重要。挡料圈的高低，影响料床厚度、研磨效率、产量高低、电耗及磨机工况稳定。

（3）配备磨盘检修专用可升降顶杆。

磨辊与磨盘相对位置设计安装合理，避免造成磨辊磨盘局部磨蚀严重，此项内容在"矿渣立磨安装管理"详细讲述。

6. 机体

（1）机架

机架也叫立柱。磨机规格不同，机架分别有两个、三个、四个。机架固定在底板上，上部用过桥连接，构成磨机二层平台，也叫磨辊平台。机架支撑磨辊、支撑磨机上下机体。整个磨机除计算机和磨盘外，都有机架支撑，所以机架最重要的要素是结构牢固。

首选整体铸钢结构，也可选焊接构件。如果是焊接构件，确保强度足够，保证磨辊限位最大受力时不变形，机械限位准确可靠，以免磨辊与磨盘互相触及碰撞，造成磨机振动，甚至损伤辊皮、衬板破损，发生严重设备事故。

（2）下机体

下机体也叫下锥体，是热风分布通道，也是返料收集与外排的通道。下机体结构完整，通风面积设计合理。避免因设计失误，与张紧装置干扰，造成机体局部变形、通风面积不够等问题。

进风口、侧边、底边采用耐磨浇注料做耐磨保温处理。

（3）刮料板及支架

如图1-22所示，刮料板支架为桶形，固定在磨盘随磨盘一起转动，长度到下机体底面，与磨盘和下机体内环构成迷宫密封。

有很多刮料板支架与底板有一定距离，没有形成完整的迷宫结构，运行中漏风漏料，污染减速机顶面。

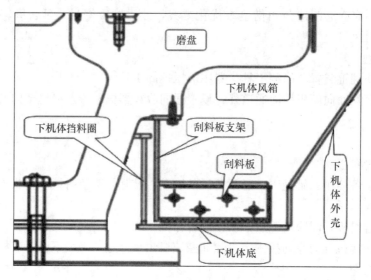

图 1-22　磨盘、刮料板支架与下机体构成迷宫密封

　　刮料板支架很重要，如果设计不合理、安装监督不认真、使用检查不到位，会造成严重后果，问题警示里会讲述。刮料板由耐磨堆焊材质制作，固定在刮料板支架下部，高度可调。

　　（4）风环

　　风环采用耐磨堆焊材质，通风面积设计正确，保持合理风速（图 1-23）。

图 1-23　耐磨堆焊材质的风环

风环导向角度设计正确，避免磨内局部形成涡流旋风，造成风料紊乱，影响磨机效率，局部磨蚀严重。

（5）机体中段

机体中段承载笼式静叶片、选粉机转子和驱动、上机壳、出粉管，主辅辊磨机还承载辅辊。

机体中段单体桶式结构，因此要求结构牢固、尺寸精确。

设置 2～3 个人孔，$\geqslant H1200\text{mm} \times L800\text{mm}$。

机体中段面积较大，是磨机系统温度变化最大、热量损失最大的部件，做好保温降低热耗，做好耐磨延长使用寿命。图 1-24 是一个整体做内耐磨保温涂层的磨机机壳中段，结构完整、美观耐用、保温节能、耐磨长寿。

图 1-24　做整体耐磨保温处理的机壳中段

（6）上机体

机体（出粉部分）承载选粉机驱动，因此要有足够的强度。上机体也是成品的出粉通道，由于粉尘浓度高、风速高，对机体冲刷磨蚀严重，因此机体内部做耐磨保温涂层处理，如图 1-25 所示。

7．选粉机

选粉机又叫分离器，作用是将合格细粉选出，粗料返回磨盘继续研磨（图 1-26）。

（1）选粉机分类

按有无转子可以分为静态分离器和动态分离器。没有转子的为静态分离器，有转子

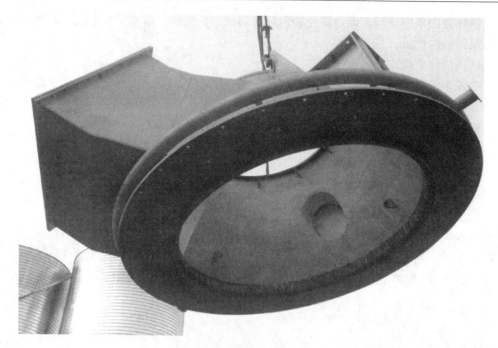

图 1-25　做整体耐磨保温处理的上机壳

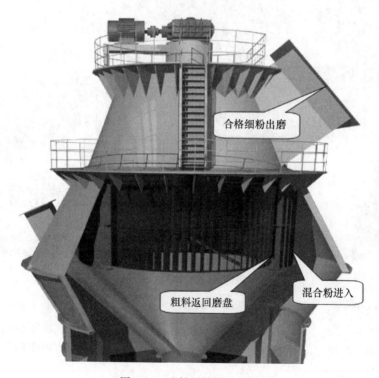

图 1-26　选粉机结构示意图

且转子转速可调的为动态分离器。

　　立磨的用途不同，磨机结构本身最大的不同就是选粉机，其他结构变化不大，只是动力配置和工艺方案不同。矿渣立磨一般采用动态分离器＋固定静叶片的组合结构，达到高效选粉的作用。

（2）转子

选粉机转子驱动方式优选液压马达，如德国进口的 Polysius 立磨，其选粉机转子采用液压马达驱动。磨机顶部设备简单、运行可靠，没有大体量单机设备，维护检修安全方便。更重要的是转子转速调整特性较硬，产品质量调整迅速、准确。其次为变频电机＋减速机。由于选粉机电机处于高温区，电机必须是独立风阀的变频专用电机。采用变频控制，带制动电阻，这是保护电机和变频器的重要措施。

减速机速比配置合理，在达到工频时，输出转速设计 170r/min 左右，在生产合格产品比表面积在 $420\sim430m^2/kg$ 时，运行频率保持在 $35\sim40Hz$ 之间，避免因减速机速比配置不当，造成电动机长期低频大电流运行，甚至保护跳机。

（3）静叶片

静叶片有可调角度叶片与固定叶片两种，当前，大部分立磨选择固定式静叶片，固定式静叶片有直板式和有导向角不同结构（图 1-27）。

图 1-27　有导向角固定笼式静叶片

选择由工厂制作的整体固定笼式结构静叶片。现场单片安装很难保证所有叶片角度一致、间隙一致，更难保证同心度，建议杜绝现场单片安装，选择固定笼式静叶片。

（4）检测保护

选粉机转子上下轴承、减速机润滑油、电机绕组、电机前后轴承等安装温度检测装置，热电阻选用双支型。检测结果中控显示、报警、跳机。较小的磨机可只检测转子轴承。

（5）润滑

① 减速机

选粉机减速机可选用 L-CKD320 闭式工业齿轮油（与磨机主减速机同规格、简化用油品种规格，便于油品管理），加装外置磁过滤器、双筒过滤器和冷却器组成的一体式外置循环机，杜绝内置水冷方式。

② 转子轴承

转子上下（内外）轴承采用智能集中干油润滑。内轴承环境温度高、粉尘浓度高，为确保轴承可靠工作，避免提前失效，润滑供油通常设计为每 10min 供油一次，每次 5 泵。建议加装一套转子内轴承降温吹扫装置。

（6）通道设置

选粉机平台有一处通向上料框架及其他部位的双通道，至少有一处斜梯或平通道。

（7）防雨

整个磨机顶部做防雨棚。

1.3.4　收粉器

成品经选粉机出磨，通过管道进入收粉器。收粉器就是袋式除尘器。用于矿渣粉生产线的除尘器是生产主设备，作用是收集成品，因此，在生产线上叫"收粉器"。

曾经有一家矿粉公司，成品输送堵塞，收粉器集灰斗大量积灰，最终导致收粉器突然整体垮塌。众所周知，收粉器位于工艺线的高处，紧邻中控室和磨机，上百吨滚烫的超细粉，铺天盖地撒满整个矿粉场，可想而知是个什么样的场景。通过优化工艺设计、优选设备配置，很多运行中发生的问题可以避免。

下面讲述收粉器详细的工艺方案和设备配置。

1. 处理风量

按工艺设计最大系统风量＋5％富裕配置。收粉器漏风率≤3％，漏风点主要是卸灰阀和气室盖，漏风会造成系统负荷增加、系统电耗上升。

2. 系统风速

尽可能加大收粉器入口面积，降低入口风速。收粉器滤袋过滤面积足够，确保过滤风速≤0.8m/min。

3. 排放标准

排放粉尘浓度≤10mg/Nm³。当前，环保要求越来越严，标准越来越高，排放≤10mg/Nm³ 已是常规标准，以免环保验收不过关。

4. 滤袋和袋笼

滤袋：亚克力针刺覆膜，耐温≥150℃，单位重量≥550g/m²，使用寿命 3 年以上，滤袋的质量要求没有丝毫妥协的余地。

袋笼：不锈钢材质或电镀涂装，杜绝油漆涂装，避免在高温运行时油漆软化与布袋粘连，反吹牵拉布袋，造成布提前袋损坏。袋笼上口加装柔性保护套。

5. 壳体

壳体采用 δ≥6mm 压型钢板制作。

6. 电磁阀

电磁阀选用原装进口品牌淹没式如富勒。特别提醒：电磁阀贴牌、高仿、山寨很多，质次价廉。

7. 卸灰阀

选用 3 级单板重锤锁风卸灰阀，之字安装，有效锁风。防止因卸灰阀漏风导致成品输送斜槽内风向、物流沿收粉器方向反向流动，避免沿收粉器方向回风回料。

两级双翻板漏风严重，慎重选用。

8. 安全措施

（1）下料锥与卸灰阀之间安装旋阻式料位开关，中控显示、报警。这是检测集料斗是否堵料简单有效的措施，以防造成重大设备和安全事故。

（2）下料锥与卸灰阀之间安装温度检测，中控显示、报警。其作用是检查卸灰阀是否漏风严重。

（3）卸灰阀前加装 80mm×80mm 网孔网格箅子，集灰斗设置检查孔。目的是防止布袋脱落进入成品输送系统，避免成品输送系统堵塞，造成严重运行故障。这都是深刻教训得来的，千万不要忽视。

9. 收粉器防雨保温设计

做整体防雨彩板房。外壳整体保温，采用硅酸铝或硅酸钙材质，杜绝岩棉。保证冬季、雨天进出口温差≤5℃。

10. 漏气检验

安装完成，灰室与气道做气密试验，绝对不允许有漏焊、窜气现象。大面积直焊缝增补加强筋。

11. 反吹顺序和间隔设置

确保气源充足，尽量缩短反吹间隔，常规设置 10～15s。

一般收粉器常规有 2～8 个集灰斗，反吹顺序按集灰斗合理排序，避免在一个集灰斗集中反吹，避免按连续顺序反吹，避免一个集灰斗大量落灰，影响成品输送的稳定运行，甚至发生堵塞。

12. 反吹气源

系统供气压力 0.5～0.6MPa，收粉器反吹压力调整为 0.3MPa。

优选氮气，没有氮气则选择压缩空气。

空压机一用一备，设置自动起备控制。

设置通路冷干机（避免旁路）。保持气体干燥，避免滤袋沾水糊袋。

储气罐与管路并联安装，管底设置自动疏水器。

按标准颜色涂装，标注介质、流向。

13. 通道设置

上下收粉器设置双通道，并保证一处斜梯。

14. 收粉器新技术

为达到 10mg/m³ 以下超低排放、低风阻、长寿命，介绍四项收粉器新技术。

一台袋式除尘器，使用情况千差万别。选择好、管理好，布袋能用 5 年，不然 1 年都撑不下来，而且三天两头跑灰冒烟，被环保部门责令停产整改。

（1）均风技术

收粉器内设置均风板，能有效避免高浓度气流直接冲刷滤袋造成的磨损与晃动；在风道内设置百叶窗式均风板，对进气粉尘起到导流作用，使其流向向下，减轻灰室内滤袋晃动。均风设计不合理，粉尘直接冲刷滤袋底部，致使滤袋底提前破损。

（2）喷吹改进

采用改进的"鸭嘴形"喷吹管，改变气流流向，避免喷吹气流散射，可更好地保护滤袋，避免滤袋顶部提前破损。

（3）滤袋垂直度矫正技术

滤袋与箱壁或相互之间的摩擦会减少滤袋的实际有效过滤面积，加快过滤风速，增加排放，同时加剧滤袋的机械磨损，从而降低使用寿命。采用滤袋垂直度调整固定措施，避免上述问题的发生（图 1-28）。

图 1-28　滤袋垂直度矫正前后对比

（4）材料工艺新技术

亚克力薄膜滤袋耐磨、低风阻，得益于特殊的滤布工艺：

① 滤布具有极好的强度和轻异构化表面；

② 增强耐磨 PTFE 薄膜，使其和滤布同向应力范围统一；

③ 收粉器压损降低，主排风机带来的节能效果十分明显。

1.3.5　成品储运

出磨后的合格成品经收粉器收集，从收粉器卸灰阀卸出，完成收粉工作，进入成品输送系统。工艺设计的核心是保证收集的合格成品顺畅输送到成品库，安全储存、快速装车。

1. 成品输送

工艺设计和设备配置，必须保持物流方向、气流方向始终一致。在库顶除尘器的作用下，始终保持物流和气流自收粉器卸灰阀向成品库方向流动。避免途中形成负压，物流气流在输送途中集中。

有些生产线，在成品斗提前的空气斜槽出料端加装了一台除尘器，导致空气斜槽出口、斗提入口处的负压很大。似乎是起到了斜槽输送成品顺畅的作用，但是掩盖了另一个问题。造成空气斜槽输送不畅的原因是收粉器卸灰阀漏风严重，物料和气流向收粉器反流，解决问题的正确办法是改善卸灰阀，减少收粉器漏风。加装除尘器后，除尘器吸入大量成品，间断卸灰导致成品斗提负荷波动，成品斗提气流反向流动，不利于库顶卸料，在雨季向里漏水影响设备运行，甚至造成产品在库内板结。同时导致取样器所取样品缺乏代表性。

（1）收粉器下成品输送选用空气斜槽，设备输送能力是磨机最大设计产能的 2 倍，室外部分做通廊。

图 1-29　成品输送斜槽安装在标准通廊里

不要以为空气斜槽是露天的，或者有个简易的防雨棚就很好了，其实不然，空气斜槽的室外部分，最好安装在通廊里，是否这样做，取决于决策者的眼光，图 1-29 就是最好的证明。

（2）在合适位置（一般在斜槽到斗提的溜槽）设置密封取样器，一用一备，做好防雨遮挡，便于取样操作（图 1-30）。

（3）垂直提升选用钢丝胶带式斗提，一用一备，输送能力是设计最大产能的 2 倍。配用的钢丝胶带耐高温≥150℃，有出厂标示和合格证。配置慢传、逆止器、堵料、跑偏、打滑开关，中控显示、报警。

（4）设置斗提框架，安装斜梯通向库顶，总高度超过斗提，顶部半封闭、安装检修电动葫芦。

不要把成品斗提贴着库壁，做几个支撑，那种安装方式实在不成样子，也存在很大的安全隐患。成品斗提一旦出现机体偏心、料斗剐蹭机体，跑灰漏风，根本没法处理。

图 1-30   成品斗提一用一备

2. 成品储存

成品储存的核心是安全。

(1) 无论一条生产线还是多条生产线，成品储存首选 1～2 仓设计，避免多仓，2 仓紧邻，中间设计一个装车室。

(2) 只要场地允许，尽可能横置摆放，这样成品斗提可以安装在两仓中间，库顶一个三通阀就解决了分库问题，工艺流畅、设备简单。

(3) 可选压卷式钢板仓。成品库仓容量按 7d 以上产量设计，这是依据有关标准规范设计的。

(4) 每个仓顶安装一台单机除尘器。单台除尘器风量大于库顶斜槽＋成品输送斜槽总风量，通常按＞10000m³/h 配置。两仓仓顶加装通气连接管道。释压门安装正确，向外单向跑气，做好防雨设计。

(5) 确保成品仓、成品斗提、空气斜槽等整个成品存储、输送系统负压状态运行。

(6) 每仓安装雷达料位计，配置吹扫装置，分别进入中控室、装车室显示仓位。安装旋阻式料位计，进入中控满仓报警。设置人工量仓孔。

(7) 确保仓顶任何部位不漏雨。可将成品库外表面进行装饰，如图 1-31 所示。

3. 装车发货

装车发货的核心是快捷、环保。

(1) 库底均化配气机构选择程序控制、电动球阀。

图 1-31　彩绘成品库

（2）出料锥设置流化充气板，杜绝库底与装车输送设备平口对接。

（3）直径≥15m 的成品库，每个库下设置双通道装车系统，每个通道前后设置 2 台装车机，一用一备。

（4）选择无尘装车机，装车能力每台套 200t/h。

装车机不是高价值的大设备，但是，装车机是一台频繁启用的设备，选择一台质量可靠的装车机，做到环保、快速、稳定可靠。否则，故障频发影响装车发货，扬尘跑灰环保更是大问题。

（5）设计一套集中电脑操控自动装车系统，安置在两个成品仓中间的操作室，两侧分别设置操作台、视频监控（每车道不少于 2 个）、分路喊话设备。

（6）装车位安装计重地磅，数据可用于装车控制，并可上传。

1.3.6　润滑及加载系统

一条矿渣立磨生产线，无论是年产 30 万吨的 2800S（或者 32.3S）立磨，还是年产 200 万吨的 6800S 立磨，设备是否长期稳定高效运行，润滑极其关键。

润滑加载系统包括：主电机润滑站、主减速机润滑站、磨辊润滑站、智能干油站、磨辊加载站。

图 1-32 是一个比较完善的矿渣立磨润滑加载系统的操作控制显示界面，该界面除加载操作在主控界面，其他界面隐藏于二级菜单中。

1. 整体要求

润滑加载系统尽可能远离返料区，集中布置、分布合理、方便维护。油箱、管道、阀门采用不锈钢材质。

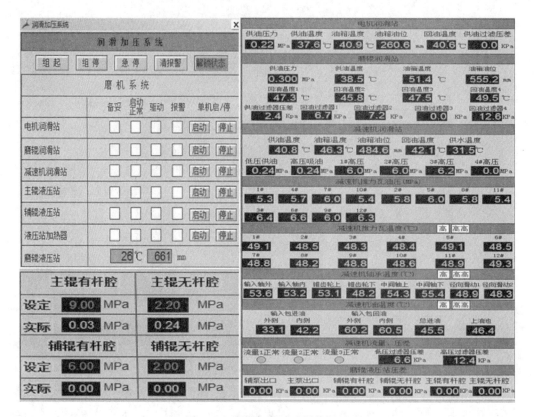

图 1-32　润滑加载显示操作界面

施工按照有关标准（可参照 GB/T 50387—2017）依次进行：预安装、除锈、酸洗、中和、安装、冲洗。施工完成，用冲洗油站和冲洗油（不允许使用工作油站和工作用油）对管路、必要设备进行冲洗，参照 GB/T 14039—2002、GB/T 18854—2015 等标准，冲洗油经检验，洁净度达到以下等级：

润滑系统达到 9 级；液压系统达到 8 级，采用伺服阀或者比例阀达到 5 级。

用 $40\mu m$ 或更高精度滤芯滤油机，注入工作用油，杜绝油泵直接加注。保证供油温度 (40 ± 2)℃。我国润滑油的相关标准规定润滑系统供油温度是 40℃。

减速机润滑站必须设置流量检测。经过极限压力试验合格后，设备、管路，按标准涂装、标识。润滑站、加载站设置独立的现场 PLC 控制柜，全部运行参数、趋势记录齐全、在本地或中控保存一个月。

图 1-33 是供油温度自动控制的冷却系统。配置冷却水电动流量阀，保证供油温度的相对稳定，适应于减速机、磨辊等润滑站。

2. 主电机润滑站

可选用 L-TSA32 或 46 汽轮机油。

箱体容积：大于轴瓦润滑需油量（L/min）的 10 倍。

油箱分两格：沉淀消泡格、取油格。

油箱加热装置设置电气和自动化联锁双重保护，加热器表功率≤$0.7W/cm^2$。

供油泵一用一备，单台泵供油量大于总需油量的 50% 以上。

图 1-33　供油温度自动控制冷却系统

供油设置双桶过滤器，过滤器滤芯≤25μm。

温度检测：油箱、供油、回油。

压力检测：供油、过滤器压差。

油位检测：油箱油位模拟量检测。所有检测显示、报警，重要点位显示、报警、跳机。

油箱温度：低于 35℃ 启加热器，达到 38℃ 停加热器。

供油温度：高于 42℃ 启冷却水阀，低于 38℃ 关冷却水阀。

供油压力：0.2MPa，低于 0.12MPa 起备。

报警：油位低、压力低、压差高、油温高。

跳机：油位低低、压力低低。

3. 减速机润滑油站

可选用 L-CKD320 闭式工业齿轮油，也可以使用同等黏度的合成油。

油箱容积：大于减速机供油量（L/min）的 15 倍。

箱体分三格：回油磁滤格、沉淀消泡格、取油格。

加热装置：设置电和自动化联锁双重保护，加热器表功率≤0.7W/cm²。

低压供油设置冷却装置首选板式换热器，冷却器面积足够，在水温≤32℃时，通过供油温度检测，自动调整冷却水流量，保证供油温度（40±2）℃。

冷却水采用流量阀自动控制＋手动阀旁路控制＋大流量电磁阀。

低压泵：1 用 1 备，单台低压泵供油量大于减速机总需油量的 50% 以上。

低压供油设置双桶过滤器，过滤器滤芯≤40μm。过滤面积足够，保证初期使用一周以上切换一次，长期使用一月以上切换一次。

高压泵选用进口威格士、力士乐、赛特码、海林可等品牌。高压吸油口前设置双桶精过滤器，过滤器滤芯≤25μm。

温度检测：油箱、低压供油、回油。

压力检测：

低压总供油、低压供油、高压吸油、高压供油。计量单位 MPa。

低压（粗）过滤器压差、高压（精）过滤器压差。计量单位 kPa。

流量检测：

低压供油量、高速包供油量、高压供油量（可选 1 泵 1 处）。流量检测的可靠性是压力和温度检测不能替代的，是在重大设备事故、巨大损失的深刻教训中总结出来的，为确保减速机安全运行，必须配置。

油位检测：油箱，模拟量。

主要报警及控制参数：

油箱温度：低于 35℃ 启动加热器，达到 38℃ 停加热器。

供油温度：高于 42℃ 启动大流量冷却水电磁阀快速降温，低于 38℃ 关闭大流量冷却水电磁阀。

总供油压力：0.2MPa，低于 0.12MPa 起备。

报警：流量低、油位低、压力低、压差高、油温高低、水温高。

跳机：流量低低、压力低低、油位低低。

高压检测：任意一路低于 3MPa、相邻两路压差大于 3MPa 停机保护。

4. 磨辊润滑油站

可选用 L-CKD460 及闭式工业齿轮油，也可以使用同等黏度的合成油。

箱体容积：大于磨辊润滑需油量的 10 倍。分两格：沉淀消泡格、取油格。

油箱加热装置有电气联和自动化联锁双重保护，加热器表功率<0.7W/cm²。

供油泵一用一备，单台油泵供油量大于总需油量的 50% 以上。

供油设置可调节冷却装置，保证供油温度（40±2）℃。

供油设置双桶过滤器，过滤器滤芯≤40μm，面积足够。

回油：

回油泵防干抽设计，可采取高位油箱，小流量旁路保障，如图 1-34 所示。因回油温度较高，设置回油或油箱冷却装置。回油首先进磁滤、双桶过滤器，经观察油镜进油泵回油箱。

图 1-34　回油防干抽设计

温度检测：油箱、供油、回油。

压力检测：供油压力，供油、回油过滤器压差（模拟量）。

油位检测：油箱油位（模拟量）。

所有检测显示、报警，重要点位显示、报警、跳机。

主要报警及控制参数：

油箱温度：低于 35℃启动加热器，达到 38℃停加热器。

供油温度：高于 42℃报警。

供油压力：0.2MPa，低于 0.12MPa 起备。

报警：油位低、压力低、压差高、油温高。

跳机：流量低低、油位低低、压力低低。

5. 磨辊加载站

可选用 L-HM46 号抗磨液压油。

液压泵一用一备，选择力士乐、汉尼汾、海林可、威格士等原装进口品牌。

液压泵流量足够，保证在 60s 内升辊、降辊加压到位。

系统压力按 25MPa 设计施工，施工完成做极限耐压试验。

压力变送器选用罗斯蒙特、横河 EJA、罗克韦尔、WIKA 等原装进口品牌，40MPa 量程，0.2％精度等级。

有杆腔按±0.5MPa、无杆腔按±0.2MPa 波动控制，0.1MPa 调节幅度。

所有磨辊升降同步，不同步率按时间计算≤10％。

联锁保护设计合理、完善。避免过多保护引起频繁升辊，也要避免遗漏重要保护造成主要设备损坏。

　　确保站内阀台和液压缸无内泄、管道无泄漏，保证在运行中保压超过 4h，静态保压超过 24h。

　　配置油箱加热和降温设施，配置模拟量油位计。

　　加载站有自冲洗系统，以便定期对液压油过滤。

　　配置检修手动供油系统和加长高压油管。

1.3.7　热风系统

　　热风工艺是矿渣立磨的核心工艺。热风系统内容较多分四部分：系统配置、热风炉及混风室、管道阀门补偿器、系统保温。

　　随着工业自动化不断发展，传感器、执行器日臻稳定、可靠，矿渣立磨可实现系统温度自动控制：利用出磨温度控制燃气流量和助燃风量。

　　2014 年年初，某国产品牌 5700S 矿渣立磨，在山西某钢企已经有成功案列（图 1-35），运行效果良好。本书作者参与了从设计到安装、调试、运行的全过程。

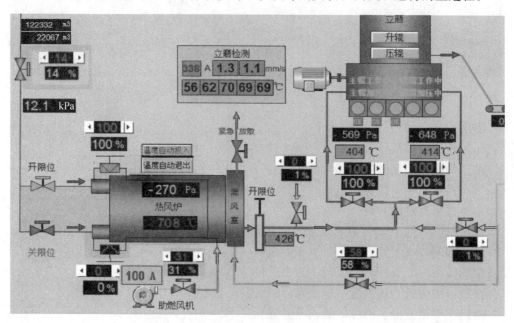

图 1-35　磨机供热自动控制系统

　　事实证明：国产设备很可靠、国内技术很先进、国内科技人才很高端。国产设备和技术克服了国外设备和技术水土不服的弊端，大幅度提高了适应性。同时解决了价格昂贵的问题，为建设者节省大量投资。

　　一台矿渣立磨，保证稳定高效运行的工艺参数有很多，热风系统至关重要，或者说热风工艺是磨机最重要的工艺。在众多工艺参数中，磨机压差和出磨温度是两个最重要的工艺参数。

　　1. 系统配置

　　系统风量、风压的设计有两种计算方法：热平衡法和粉尘浓度法。立磨矿渣粉生产线通常采用粉尘浓度法计算系统风量和系统风压。

（1）系统压力

系统风压的计算较为简单，将各个环节的最大风压或压差累计相加：

入磨负压 1000Pa、磨机压差 4000Pa、收粉器压差 1500Pa，合计 6500Pa，加 5％系统压力损耗、加 5％富余量，合计压力 7150Pa。确保可靠运行，按 7500Pa 设计，这也是矿渣立磨系统风压的常规配置。

（2）系统风量

按照粉尘浓度法计算总风量，包含系统漏风＋10％富余量设计。依据理论计算方法和实践经验，在实际系配置中有更加简捷的系统风量计算方法，简单一算，就知道主风机风量配置是否合理。

（3）系统风速

系统风速主要指的是管道风速。所有热风、循环风管道按照≤15m/s 合理风速设计。

（4）系统温度

矿渣粉立磨生产线的系统温度变化较大，监测点较多，因此，我们要抓住主要问题，影响磨机稳定运行的最主要的工艺参数是出磨温度。

不同类型的立磨，有不同的工况适应性。大部分锥辊磨机出磨温度 100＋5℃为最佳工况，低于 95℃通常会引起磨机振动、工况变差，此时要么提高热风炉热量，要么降低料批。

轮胎辊磨机的工况适应性较为宽泛，对出磨温度的变化不是太敏感，出磨温度降到 75℃依然能够稳定运行、保持良好工况。这是实践经验的总结，不是对磨机性能高低的评判。

当系统风量、系统风压、系统温度确定后，据此数据提资配置主风机。主风机配置太低了没有富裕量，会影响整个生产线性能的发挥和提高；太高了会浪费投资、增加电耗。主风机采用变频控制。建议配工频旁路开关、配入口电动调节阀，这些配置多花不了几个钱，以备变频器发生故障时工频运行。

2. 热风炉和混风室

（1）热风炉

当前，环保要求越来越严、标准越来越高，因此，所有新建矿渣粉生产线，热源系统不建议采用燃煤沸腾炉，除非拥有合法的排放指标，否则难过环保关且不能投产，投产后受环保限制不能连续运行，甚至被关停，被迫改造燃气热风炉或改烧生物质燃料。

沸腾炉改造燃气炉过程很简单，在炉壁的合适部位开个孔、装个烧嘴就解决了，但是不好用，也肯定不节能，与专用燃气热风炉相比，热耗增加 30％或许更高，单位成本增加几块钱。长期运行，累计浪费的能耗是个不小的数字，是个值得考虑的问题。另外，改造的炉子总是不好用，也很难实现无人自动运行。

在实际操作中，生物质燃料与燃煤在性价比上已有可比性。

在当前环保高压下，建议选择燃气热风炉。

选用无人值守旋风预热自动点火型燃气热风炉。

炉体双层外壳，助燃风经过外壳内螺旋通道被加热后进入烧嘴，同时起到外壳降温的作用。

炉膛燃烧蓄热室容积、保温层、格子砖挡火墙等设计合理，利于稳定燃烧，避免因燃气压力不稳定、成分不稳定造成熄火或再起火困难。

燃料根据实际情况，可选用天然气、焦炉煤气、电石气，钢厂选用转炉煤气或高炉煤气，根据不同气源的特性，设计不同的烧嘴配置不同的空燃比。

助燃风机变频控制，带进口电动调节阀、带工频旁路开关。

噪声污染不可忽视，风机进口安装消声器、机壳隔声棉。

确保热风炉负压运行，常规运行压力-800～-200Pa，高于-100Pa报警，高于0Pa，燃气快切，停机保护。排除故障，恢复负压后允许再次启机。

配置自动点火装置，配置火焰检测、熄火保护。

系统检测包括：燃气流量、燃气总管压力、助燃风压力、氮气压力、炉膛压力、炉膛温度、炉膛出口温度、混风室后供风温度。

燃气管道基本配置：前后密封阀、盲板阀（适宜地区可加水封）、放散阀、快切阀、流量调节阀、流量计等。

现场设置燃气泄漏检测、报警设施，不少于2处。

所有功能可实现本地与中控集中操作。

（2）混风室

① 混风室的作用。

一是增加风量。热风炉制造热量，但是热风炉的风量仅仅满足磨机系统风量的30%左右，必须增加风量才能满足磨机需求。

二是降低温度。热风炉制造的热风通常在1000℃左右，温度太高，输送困难，不能直接使用，因此设置混风室掺加低温风，达到工作温度。

② 混风室必须设置在靠近炉膛出口。

由于炉膛温度常规在1000℃左右，甚至高达1150℃，高温热风出炉膛后，如果不及时兑冷，而是在入磨前兑冷，势必有较长的高温管道，热量散失、管道保温、管道安全都存在隐患。因此，建议在炉膛出口设置混风室，尽早降低管道风温、增大系统风量。

③ 混风室阀门配置齐全。

应急放散阀、龙门截止阀是必要的安全阀门，不是有没有、有多少用的问题，而是安全措施，必须设置。电（气）动放散阀、电动龙门截止阀要求耐高温≥600℃。

兑冷尽可能全部采用循环风，目的是节能。循环风温度在80℃以上，而自然风平均温度20℃左右，避免使用自然风。

冷风阀只起到应急作用，比如出磨温度超过115℃、热风炉启停调整炉膛负压等，不做常规补风使用。

配置比较完善的混风室示意图如图1-36所示。

3. 管道阀门补偿器（不含热风炉和混风室）

（1）管道

① 热风系统管道范围

热风管：混风室出口到磨机入口，高温风。

图 1-36　功能齐全的混风室

出粉管：磨机出口到收粉器入口，中温高浓度粉尘风。

出风管：收粉器出口到主风机，洁净中温风。

排风管：主风机到烟囱、由烟囱排向大气，洁净风。

循环风管：主风机到混风室入口，中温洁净风。

② 管道通风面积

合理风速按≤15m/s 设计，扣除内保温以后计算有效通风面积。

如果管道设计不合理，尤其是有效通风面积不够，磨机系统很难达到理想的运行效果。在正常运行时，循环风阀门开度在 50％左右，大于 60％则重新优化设计、变更施工。

③ 系统检测

温度：入磨、出磨、入袋、出袋、主风机后。

压力：入磨、出磨、主风机前、循环风阀前后，磨机压差、收粉器压差。

流量：主风机前。

所有压力、压差变送器拒绝在管道取样点安装。通过取样管，在便于观测和维护的位置集中安装，阀门配置完善。备有压缩空气，随时吹扫取样管，提高取样准确度，避免因管路堵塞出现假数据。热电偶、热电阻选用两线制带显示变送器，出磨热电阻选用耐磨陶瓷套管。温度、压力、压差、流量，检测结果显示、报警。

④ 重要数据

出磨温度做保护信号，高于 115℃报警，高于 125℃做紧急降温处理：自动采取加大喷水、开冷风阀、降主风机、关闭热风龙门阀等保护措施，以免烧毁收粉器布袋或造成布袋伤害，低于 115℃自动恢复。

⑤ 设计和施工

管道设计不当，会造成严重后果，在本书的"矿渣立磨"问题警示章节里会详细讲述。安装不当，会造成不良后果。关于管道、管托、支座的施工安装，在"矿渣立磨安装管理"中会详细讲述。

（2）阀门设置

热风出龙门阀后，在主管末端未分叉前设置一个电动冷风阀。主风机入口设置电动百叶阀。主风机出口分为2路：

第一路路入烟囱向大气排放，进入烟囱前安装电动调节阀；

第二路路循环风，进入混风室前安装电动调节阀。

（3）补偿器

补偿器也叫膨胀节。热风管道补偿器如果选用廉价材质，很快就会破损、漏风，造成热耗增加、系统负荷加大、电耗增加。热风管道虽有补偿器，也是不锈钢材质波纹结构，如果补偿量不够，管道受热牵拉移动、变形起拱，也会加速损坏。

建议所有补偿器全部采用不锈钢材质，并有足够补偿量，如图1-37所示。

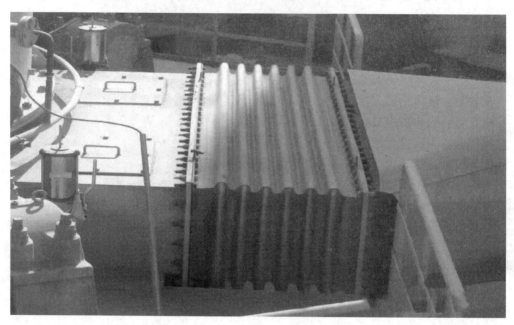

图1-37　优质补偿器

4. 系统保温

当前，节能降耗是矿粉企业降低成本、增加效益的有效措施。因此，热风系统的优化设计和正确施工，对降低系统热耗至关重要。

随着排放标准的提高，环保要求越来越严，燃料品种也在升级换代，很多地区已经禁煤，改用天然气、生物质燃料。由此导致燃料成本飞速上升，通常矿粉生产单耗 $10m^3/t$ 天然气，有些生产线单耗高达 $13m^3/t$ 以上，仅热耗成本高达 30 元/t 以上。热耗费用远高于人工费，是很大的一块生产成本，当使用清洁能源时，热耗费用所占成本甚至高于电耗费用。

不计热耗成本的企业就无所谓了。还有，暴利时代也没人在乎热耗成本的高低。当市场到了亏赢平衡点，管理好、热耗低的矿粉企业还有微利；管理不善、热耗高的矿粉企业恐怕就要面临亏损甚至破产关门了。

当前，热风系统的工艺设计存在很大的改进空间，管道、保温的不正确施工随处可见。毫不客气地说，现有的矿粉生产线，有一半以上的管道及保温施工都存在问题，都有改进提升的空间，有关问题在"矿渣粉立磨安装管理"和"矿渣粉立磨问题警示"章节里将详细讲述。

降低热耗的关键：一是热风系统优化设计，二是保温措施到位。

（1）热风管

工作热风从混风室出来，通过热风管道入磨，风温通常在 350℃ 左右。

热风低于 350℃ 的管道，做喷涂厚度 ≥100mm 内保温＋外保温。

热风高于 350℃ 的管道，做硅钙板＋喷涂双层内保温＋外保温。

（2）磨机本体

磨机本体是整个矿渣粉生产线散热面积最大、热量损失最大的单体部件。然而，磨机本体的保温现状，却是被忽视最严重的。

当前，大部分磨机本体，局部采用加装花纹板的方式加强机壳耐磨，保温作用可以忽略到无。

立磨制造商和工程承包商，为节省成本，大部分没有做磨机本体整体耐磨保温。只有国内少数品牌立磨做了整体耐磨保温图层，节能效果明显，有效地保护了磨机机体，前一章的机体保温示意图已经展示。磨机本体做内耐磨保温，包括进风口、下机体底版、侧边、中机体、上机体和出粉口。磨内集料锥、进料装置外壳，主要作用是耐磨。

（3）出粉管

从磨机出口到收粉器入口的出粉管做内耐磨保温＋外保温。

（4）风管

收粉器到主风机前风管、循环风管做外保温。

（5）主风机

主风机机体做隔声保温，出口安装消声器，进出口安装补偿器。

（6）保温材料

磨机本体和出粉管等高浓度粉尘部位做内耐磨保温，选用耐磨浇注料，注重耐磨兼顾保温。

其他内保温选用高温浇注料。

外保温采用硅酸铝或硅酸钙材质的保温毡＋防雨层＋彩钢板，外观颜色符合工厂设计标准或满足建设单位要求，标注介质种类和流向。

按照上述所讲，优化热风系统工艺设计，保温正确施工，加之优化操作，矿渣立磨生产线以原料水分 8％ 核算，热耗就能做到每吨产品 $6 \times 4.18 \times 10^4 kJ$ 以下。

矿渣磨的热风系统，通过上述优化设计、规范施工、精准管理，在实际生产运行中，降低 $1 m^3/t$ 的天然气热耗，直接降低成本 3 元/t。按年产 100 万吨矿粉计算，每年节约燃料成本 300 万元。这对任何一家矿粉公司来讲，都是一笔可观的财富。

1.3.8　电气自动化

1. 电气系统

（1）配电室布置

设置高压室、变压器室、低压室、PLC 室、主控室等电气控制操作室。各室位置空间分配合理，隔离设施、绝缘设施、防静电设施符合标准。高低压（如直流屏与高压柜）、强弱电（如低压柜与PLC柜），分室隔离，不允许同室混装。

（2）高压配电系统

常规受电电源电压：10kV±5%，电源频率：50Hz±1%。

受电柜遮断容量：31.5kA。

配电室内设有进线柜、PT柜、开关柜、出线柜、高压变频柜等。

高压开关柜采用KYN28-12金属铠装封闭中置式高压开关柜型，内装VS1系列高压真空断路器。系统选用NS系列微机综合保护装置，可以对10kV线路、变压器、电压互感器等设备进行保护、控制、测量和监控。

变压器独立安装，设置1台S11系列节能变压器。主电机采用水阻启动、进相补偿，与高压柜隔离安装。主风机采用变频器控制、带旁路启动开关。选粉机变频控制带串联制动电阻。变频器冷却热风安装管道排到室外。变频器选用西门子、三垦、ABB等同档次产品或国产名牌产品。设置中央空调。变压器室设置高位换气扇。

（3）低压配电系统

直流系统选用免维护电池，带微机保护的电源柜。变压器到低压进线柜采用封闭式母排。

受电电压：0.4kV±5%，电源频率：50Hz±1%，遮断容量：50kA。

柜型：MNS。

负荷开关柜采用MNS型固定开关柜，柜内主要电气元件采用：施耐德、GE、穆勒品牌产品。

采用马达保护器，在电动机出现启动超时、过流、欠流、断相、堵转、短路、过压、欠压、漏电时，满足保护、控制、显示功能。

大于10kW以上及有必要的小于10kW的电机设置电流监控，在上位机显示、报警。

所有驱动电气设备均设置机旁室外防水操作箱，控制方式分为"本地"控制和PLC自动"远程"控制及"0"停机位。中间停机"0"、逆时针"本地"、顺时针"远程"，顺序统一，控制箱面板出厂固定标注。机旁本地操作时直接控制低压柜，不通过PLC系统。

选粉机变频控制带串联制动电阻，助燃风机变频控制带旁路开关。变频器冷却热风安装管道排到室外。低压变频器选用SIEMENS、ABB或三垦等同档次变频器或国产名牌产品。设置中央空调。

（4）保安电源

计算机、PLC系统采用UPS不间断电源供电，容量≥6kW·h。

（5）无功补偿

主电机采用进相补偿，主风机、选粉机采用变频器，低压采用APF动态集中补偿方式。所有补偿后的功率因数不低于0.95。

（6）电缆线路

10kV输电电缆采用ZR-YJV 8.7/15kV阻燃型交联聚乙烯绝缘聚氯乙烯护套电力

电缆；0.4kV 电缆采用 ZR-YJV 0.6/1kV 阻燃型交联聚乙烯绝缘聚氯乙烯护套电力电缆；变频输出采用变频屏蔽电缆；信号电缆选用 KVVP 型屏蔽电缆。

配电柜至各用电设备的电缆，沿电缆沟和电缆桥架敷设，局部穿钢管暗敷设，厂区的电缆一般沿电缆桥架明敷。线端标识打码标准、准确、清晰，电缆进出端、转角标识、吊牌数量足够、清晰标准。高低压、强弱电分开布设，不同槽、不同管。

（7）驱动

通用电动机选用 YE3 系列超高效率节能电动机。主电机选用绕线式。变频控制如主风机、选粉机、助燃风机电机选用变频专用电动机。电动执行器选用市场保有量较大的品牌。

（8）仪表

仪表设置满足有关技术规范和工艺要求，主要生产过程参数的数据采集、控制、显示、报警等功能由 PLC 完成，具备二次传输功能。

充分考虑现场粉尘环境的适应性，所有现场仪表防护等级不低于 IP65。压力/差压变送器选用智能型产品；流量测量选用标准节流装置或电磁流量计；调节阀执行机构采用模块化智能电子式产品；料位测量采用雷达式料位计和料位开关；温度测量采用热电偶和热电阻，选用两线制双支型带显示变送器型号。

测压仪表按系统和种类通过取样管集中安装在仪表保护箱内，配备吹扫气源，仪表箱位置方便巡视检修。

除设备本身安装的检查元件，其他所有仪表和一次元件采用 2 线制（24V 供电，4～20mA 输出）带变送器，包括热电偶和热电阻。

（9）照明

所有照明集中控制、室外照明设置时间控制器。

照明电压等级：一般场合采用 AC220V，安全检修照明采用 AC24V，如进入磨机、进入成品库。使用地点设置安全隔离变压器，容量≥2kVA。

光源：采用节能型 LED 灯具，光照度符合国家标准。配备足够的应急照明，符合相关标准。

（10）检修电源

AC380V/220V，容量≥100kVA，全系统不少于 12 处，合理布置，工艺线首末端、成品库顶确保设置，箱内漏保、空开、插座等用电设备配置齐全。

2. 自动化系统

矿渣立磨生产线自动化采用 PLC 控制系统。PLC 用于系统的自动控制与监视，实现全系统设备顺序启动、停止和联锁控制，设备监控、报警、保护跳机等功能。可实现部分系统自动运行，如系统温度的自动控制。设备配置及控制方案如下：

（1）工控机

i5-6500 或以上、内存 8G、512G 固态＋2TG 硬盘、2G 显卡、24″显示器。向上配置不限，全部运行记录保存不少于 30 天。可选用 Dell、研华产品。设置两台操控电脑配数字键盘、一台工程师站配标准键盘。做好接地、防静电措施。

特别强调：鉴于稳定性、可靠性，必须使用品牌工控机，不能以商用机、家用机、拼装机替代。

（2）PLC 系统（图 1-38）

SIEMENS S7-400 系列；

中央处理器：CPU 414-2DP 或以上版本；

通信模块：CP443-1；

接口模块：IM153-1；

I/O 模块：DI/DO：SM321/SM322、AI/AO：SM331/SM332；

图 1-38　美观实用的 PLC 柜

欢迎提供更新设备，采用更高标准。

富裕备用点按各类型分开计算，均不小于 15％。

（3）开关电源

西门子 SITOP 稳压电源

（4）隔离器

所有开关量、模拟量输入输出信号使用信号隔离器，选用用菲尼克斯或魏德米勒超薄系列产品。

（5）外围设备

A3 打印机、标准不锈钢台面计算机桌。

（6）通信

100M 工业以太网，选择西门子交换机。操作站、工程师站与 PLC 之间采用工业以太网通信方式。

（7）软件

系统软件：Windows 7 及以上。

编程及监控软件：STEP _ 7 _ V5.5，WinCC 7.0 及以上。

博图先进但有些浪费，如果承包方主动选择，在此表示赞同。调试前符号表、密码交甲方，解密不加锁。不得设置时间病毒等限制性软件。

特别强调：

必须使用正版软件，现场拆封安装，正版文件移交建设方。杜绝使用试用版、破解版以及网络下载版，避免运行中突发系统故障，如部分功能失效、程序自动卸载。

某矿渣粉生产线，承包商使用了下载版 STEP 和 WinCC 软件，在运行过程中，突然出现系统功能缺失，主机死机，造成极了大的安全隐患和恐慌。

（8）报警记录

所有设备的启停；电流、压力、压差、温度、振动、流量等。

（9）运行趋势

① 电流

计量皮带、上料皮带、进料装置；返料皮带、返料斗提、返料锁风阀，主电机、选粉机电机、主风机、斜槽风机、成品斗提、库顶除尘风机、助燃风机、空压机等。

② 压力

煤气、氮气、压缩空气、循环水，炉膛、炉膛出口、助燃风、入磨、出磨、出袋、循环风，主风机出口；磨机压差、收粉器压差；磨辊液压缸上下腔、润滑供油等。

③ 温度

炉膛、炉膛出口、入磨、出磨、出袋、循环风，主电机轴承、绕组，选粉机上下轴承、电机绕组，主风机轴承、电机轴承、绕组、循环水，油站温度等。

④ 振动

减速机、磨机、主风机轴承等。

⑤ 流量

煤气流量、累计量；原料流量、累计量；主风机风量、助燃风风量等。

⑥ 转速

选粉机转子（实际检测的反馈转速）、磨辊转速。

⑦ 其他

减速机润滑站、磨辊润滑站、磨辊加载站的数据可在本地控制柜存储，中控可查询。建设方现场要求增加的运行趋势不超过总量的 10%。

（10）联锁清单

调试前向甲方交底纸制版和电子版报警、跳机清单和联锁条件清单，确保清单与实际程序一致，并进行现场抽样校对。

按照重要程度和操作需要，分为三类：

A 类：显示、报警、跳机（或关闭、启备）。

B 类：显示、报警。

C 类：显示。

依照说明书标注的工艺参数和实际运行经验，确定合理的工艺参数，现场调整、逐项检查。联锁清单表（仅供参考）（表 1-1）。

表 1-1　联锁报警清单

热风及公辅系统

序	监测点	检测内容	单位	类别	备注
1	氮气（压缩空气）总管	压力	MPa	A	低报警低低启备
2	煤气总管	压力	kPa	A	低报警低低启备
3	煤气总管	流量	m³/h	C	
4	煤气调节阀后	压力	kPa	C	
5	炉膛内	温度	℃	B	
6	炉膛内	压力	Pa	A	
7	炉膛内	火焰	有无	A	
8	炉膛出口	温度	℃	B	
9	助燃风机	流量	m³/h	C	
10	循环风	压力	Pa	C	
11	循环风	温度	℃	C	
12	入磨口	温度	℃	B	2侧
13	入磨口	压力	Pa	C	2侧
14	出磨口	温度	℃	A	
15	循环水	压力	MPa	B	低报警低低启备

磨机系统

序	监测点	检测内容	单位	类别	备注
1	机体	振动	mm/s	A	
2	磨辊	限位		A	主电机的条件
3	料床	厚度	mm	B	
4	磨辊	转速	r/min	B	
5	磨辊轴承（前、后）	温度	℃	A	
6	选粉机轴承（上、下）	温度	℃	A	
7	选粉机减速机	温度	℃	B	
8	选粉机润滑站润滑油	温度	℃	B	

收粉系统

序	监测点	检测内容	单位	类别	备注
1	氮气（压缩空气）	压力	MPa	A	
2	收粉器进出口	压差	ΔPa	B	
3	收粉器出口	温度	℃	C	
4	灰斗	堵料	有无	B	
5	灰斗	温度	℃	B	

成品

序	监测点	检测内容	单位	类别	备注
1	成品库	料位	m	B	分别进入中控装车
2	成品库	库满	有无	B	
3	成品斗提	堵料	是否		

	电机（主电机、选粉机电机、主风机电机及其他）				
1	电机绕组	电流	A	A	
2	电机绕组	温度	℃	A	
3	电机轴承	温度	℃	A	
4	主电机进相	是否		A	具备自动硬切除

	减速机				
1	机体	振动	mm/s	A	水平与垂直
2	高速轴承	温度	℃	A	
3	径向轴承	温度	℃	A	
4	推力轴承	温度	℃	A	
5	油池	温度	℃	B	

	主风机				
1	进口或出口	流量	m³/h	C	
2	轴承	温度	℃	A	
3	轴承	振动	mm/s	A	

润滑系统					

	减速机润滑站				
1	油箱	温度	℃	B	
2	油箱	油位	mm	A	
3	低压总供油	流量	l/min	B	
4	低压总供油	压力	MPa	A	
5	供油	温度	℃	B	
6	低压（粗）过滤器	压差	kPa	B	
7	高压（精）过滤器	压差	kPa	B	
8	高压供油	压力	MPa	A	
9	高压供油	流量	l/min	A	选择3~4个点
10	低压末端供油高速包	流量	l/min	A	
11	加热循环	流量	l/min	C	

	磨辊润滑站				
1	油箱	温度	℃	B	
2	油箱	油位	mm	A	
3	供油	流量	l/min	B	
4	供油	压力	MPa	A	
5	供油	温度	℃	B	
6	过滤器	压差	MPa	B	
7	回油	温度	℃	C	

电机润滑站					
1	油箱	温度	℃	B	
2	油箱	油位	mm	A	
3	供油	流量	l/min	B	
4	供油	压力	MPa	A	
5	供油	温度	℃	B	
6	过滤器	压差	MPa	B	
加载系统					
1	油箱	温度	℃	B	
2	油箱	油位	mm	A	
3	供油	压力	MPa	B	分上下腔
4	过滤器	压差	MPa	B	

1.3.9　公辅系统

公共和辅助系统，通常的理解就是风、电、水、气。

1. 风

热风系统在立磨矿渣粉生产线是重要的主工艺，不属于公辅系统，前期有详细讲述，不再赘述。

2. 电

在电气自动化有详细讲述，不再赘述。

3. 水

循环冷却水系统有稳定的水源，建设蓄水池，配置自动补水设施。循环水泵一用一备，依据磨机规格配置水泵，保证供水压力≥0.3MPa。水泵出口设置通路过滤器（不要表演式的旁路过滤器）。采用闭式蒸发冷却塔降温，冷却塔风扇回水温度自动控制。设置出口压力、回水温度检测，进入中控显示、报警。低压报警、低低压自动启备。各用水点设置进出口阀门、排污检查阀，安装压力直读表。

4. 气

（1）燃气与氮气

当使用燃气热风炉时，特别是煤气，必须有氮气伴管，供水伴管，北方还应有蒸汽伴管。

氮气作为燃气系统的灭火安保气源，要确保压力和瞬时流量。氮气作为气动阀门的动力气源，要确保压力稳定。

（2）压缩空气

压缩空气主要用于收粉器和除尘器的提升汽缸、布袋反吹，装车系统气动阀的动力源等。

选用集装箱式螺杆泵空压站，一用一备，控制保护联锁配置齐全。冷却热风通过管道排到室外。设置通路干燥机（不要表演式的旁路冷干机），做好冷凝水排放。

系统压力检测进入中控显示、报警；部分重要用气点如收粉器支路设置压力检测进入中控显示、报警。低压报警、低压自动启备。

所有储气罐设计为与主管并联式，管道、用气点等所有支路设置进出阀门。很多储气罐在施工中，为节省管道，都安装成串联方式，这是不正确的。

5. 其他

（1）监控

全系统视频监控点不少于 16 点（不含装车系统监控），其中 10 点用于设备，6 点用于环境。显示器采用 46″ 或以上，设置两个屏幕，其中一屏用于放大显示。

（2）启机告警

启机告警是安全生产的必要措施。分系统设置启机告警，作为本系统启机的必要条件。现场安装警铃，在中控操作界面控制，并作为启机必要条件。

（3）通信系统

生产统计与公司上级管理联网，实现统计数据在线上传。生产调度指挥用对讲机，甲方自备。

（4）通风、空调

通风：

变压器室、水泵房、润滑站等设置高位轴流风机，用于室内、外的空气交换及强制通风。

空调：

高低压配电室、PLC 室等房间设置单冷中央空调。中控室、装车室、化验室、办公室、会议室等设置冷暖空调。

（6）辅助设施

建设配套机修房、工具房、备件库，办公室、会议室、化验室、更衣室、洗手间等必要的生产、办公和生活设施。

第2章 矿渣立磨安装管理

2.1 概　　述

本资料适应于 30 万～300 万 t/a 矿渣粉立磨生产线，讲述工艺设备安装过程的监督管理。

一条矿渣粉生产线，采用先进的工艺设计、合理的设备选型、严格的施工监督、优化的运行管理，可以长期稳定、高效低耗运行，以较低的生产费用，创造最大的经济效益。

本人有 30 年管理立磨的工作经验，用自己的亲身体会，结合实际工作中的经验教训，精心编制了"矿渣立磨设备安装管理"资料，供建设单位和施工管理者参考。

安装规范参考：

① 设备厂家提供的安装图及说明书。

②《水泥机械设备安装工程施工及验收规范》（JCJ/T 3—2017）。

③《破碎粉磨设备安装工程施工及验收规范》（GB 50276—2010）。

④《机械设备安装工程施工及通用规范》（GB 50231—2009）。

⑤ 加载及润滑系统的安装施工及验收按照《冶金机械液压、润滑和气动设备工程安装验收规范》（GB/T 50387—2017）的有关规定执行。

⑥ 上述标准并不能完全涵盖全部有关的国家标准，在安装监督中，在合同和技术协议没有注明的，一律按国家和行业最新标准执行。

特别提示：

① 禁止

设备制造商必须提供螺栓扭力表，在施工过程中，严禁使用锤击扳手的野蛮施工方法收紧螺栓。

特别重要的螺栓，如减速机底座、主电机底座、主减速机联轴器、主风机联轴器等，必须使用力矩扳手，按螺栓规格等级的标准扭力收紧螺栓，保证螺栓受力正确，保证一组螺栓受力均匀。

② 要求

安装过程的每一步，特别是隐蔽工程，甲乙双方或监理方必须按规范标准进行现场验收、记录、签名。

签名确认的现场验收记录，是建设项目整体验收和竣工资料不可或缺的重要组成部分。

③ 安装工艺流程

基础验收→设备及部件的交接→电机、减速机、机架底板安装→机架安装→灌浆→减速机安装→下机体安装→磨盘安装→磨盘衬板安装→张紧装置安装→磨辊安装→机体中段安装→内外管路安装→选粉机安装→上机体安装→磨机驱动装置安装→张紧装置液压管路的安装→检测装置的安装→冷却水管路的安装→电力电缆安装→控制检测信号电缆安装→……

④ 吊装提示

设备的吊装是安装的重要环节，根据现场条件及施工效益综合考虑。本工程主要大件设备有底座、机架、连接梁、减速机、磨盘、选粉机等设备部件，其中大件最重约 200t 以上，最高安装高度约 30m，中心进料的立磨安装高度最高可达 40m 以上，因此吊装前必须编制安全吊装施工方案。

2.2　基础部分

2.2.1　标高控制点的建立

基础开挖、结构施工前，首先建立标高控制点。

1. 控制点的作用

施工过程中，结构、设备的标高控制和校验。

建成后设备基础、成品库等建筑物、构筑物的沉降观测。

2. 控制点的建立

在开工建设前，以设计标高±0.000 为标准，在施工现场外围不易破坏、地质结构稳定、容易观测的位置，建立三个永久的标高控制点，并测量相对高程，建档立案。

3. 施工控制点

每个施工点就近建立一个标高控制点，测定相对高程，用于施工控制。

2.2.2　垫铁

当混凝土基础到达龄期，开始设备安装。

垫铁，是设备安装的基础。垫铁安装一般有研磨法和座浆法，由于研磨法要求高、施工难度大、劳动强度高，存在不可避免的环境污染和人身伤害，因此当前大部分采用座浆法。

1. 座浆墩

座浆墩的制作使用 HGM 座浆料，禁用细骨料高强度等级混凝土替代。

2. 平垫铁

平垫铁在座浆墩上安装时，严格控制两个数据：标高和水平度。安装误差标准：

标高相对误差≤±1mm。

水平度误差≤0.02mm/m。

标高用精密水准仪检测。水平度用 0.01mm/m 条形或框式水平仪检测。

3. 斜铁

斜铁与平垫铁、与底板底面的结合度大于 70%，不得出现线接触，更不能出现悬空。

斜垫铁与平垫铁、与底板底面的结合度大于 75%，用塞尺检查，0.05mm 塞尺不入。合格后焊接牢固。

4. 验收

甲乙双方现场验收，签名确认。

2.2.3 底板

立磨与其他设备安装的一个重要的不同之处就是：减速机、下机架（立柱）、电机安装在一个整体或分体底板上。

基础中心的确定

用地规和卷尺测量中心位置，测量时，以张紧装置的下铰接点为参照，地基的中心允许偏差：与纵、横中心线≤±0.5mm。

1. 底板及资料检查

大部分底板为第三方协作制造，因此，必须提供底板出厂检测报告、合格证。检测报告应包括材质、焊接探伤报告、平面度检测记录等。

底板水平度找正：

清理地基表面应放好支撑基础框架垫及垫片，并将地脚螺栓放入地脚螺栓箱内，然后测量基座的水平度和高度。

减速机底板安装时首先应清除其底座表面的杂质，使减速机底板的中心位置与主机基座的中心位置重合，用 0.02mm/m 精度水平仪测量减速机底板，一般允差偏差为 0.05mm/m（以减速机制造商标注或说明书为准），这是立磨安装最重要的检测过程。测量减速机底板上的四点，如有较大偏差，则在工字钢处调整，如果四点均在允许偏差范围内，即测量上平面内的其他点，测量时整个减速机底板必须使用平尺（平尺长度最好与减速机最大直径相当），如有偏差超出允许范围则需研磨，研磨时一般都采用平尺和角磨机配合，否则用一块尺寸足够大的水平度为 0.05mm/m 的水平钢块与减速机底座上表面涂抹研磨膏对磨。

2. 焊接控制

大型立磨的减速机、机架和电机底板一般是分块制作、现场焊接。现场控制焊接变形是施工的重要工作，施工方编制可靠有效的焊接变形控制方案，施工中跟进检测。

3. 底板地脚螺栓

（1）提供材质、探伤检测报告。

（2）提供规格、等级、扭力表。

（3）安装前除油除锈。

（4）灌浆满龄期后，使用力矩扳手，按标准扭力收紧螺栓。

（5）甲乙双方现场验收，签名确认。

4. 复检

复检底板的标高、水平度、平面度。

底板紧固后，再次校验底板水平度和平面度。

（1）标高使用精密水准仪检测，与设计标高误差≤±1mm。

（2）水平度用 0.01mm/m 条形或框式水平仪结合平尺检测。

（3）底板的水平度决定了矿渣磨从下到上整台设备的倾斜度，必须达到减速机安装说明书的要求，通常减速机要求 0.05mm/m 或更严格，如图 2-1 所示：减速机铭牌明确标注：底板水平度要求 0.04mm/m。

图 2-1　减速机安装底板水平度要求

（4）平面度按照国家标准 GB/T 11337—2004 实施检测。

5. 一次灌浆

底板复检合格，使用 CGM 无收缩自流平灌浆料，禁用现场拌和细骨料混凝土。

6. 二次灌浆

使用自流平无收缩灌浆料，禁用现场拌和细骨料混凝土，静浆后抹平压光。

7. 验收

甲乙双方现场验收，签名确认。

2.3　减速机和电机

2.3.1　减速机

1. 说明

通常立磨的安装，底板灌浆到达龄期，先安装减速机。

因为减速机大多由第三方配套，供货时间难以控制，如果减速机到货较晚，机架（或叫立柱）、过桥（或叫磨辊平台）、下锥体（或叫下机体）已安装，减速机就位后，严格调整与磨机的同轴度，避免发生磨辊偏心、机体刮擦等问题。

2. 安装前的检查

大部分减速机为第三方配套生产，因此，开箱检查随机资料是必要程序：

① 装箱单、试车报告、出厂合格证。

② 检查整机完好性，检查随机附件、工具等是否齐全。如联轴器及螺栓、地脚螺丝、定位铰刀、定位固定块、振动传感器等。

③ 减速机就位前，再次检查底板安装验收资料，抽查复检重要数据，如水平度。

④ 底板打磨干净，重新涂润滑脂或防卡剂。

⑤ 通过专用滑轨或实心滚杠，将减速机缓慢迁移到位。

3. 安装

（1）地脚螺栓

减速机地脚螺栓分常规收紧和加热预收紧两种方式。

提供规格、等级、扭力表、材质、探伤检验报告。如果是热装，提供热装方式、加热温度、热变形量、加热后的收紧扭力等设计数据。使用力矩扳手，按标准扭力收紧螺栓。

（2）固定

定位铰刀铰制到位，顶紧固定块，焊接牢固。

（3）安装传感器

4. 检测

安装完成后，再一次检查接触表面是否光洁。用塞尺检测减速机底座一周，检查接触面的间隙，要求 0.05mm 塞尺不入。

特别注意：减速机与减速机底板之间不允许加任何垫片。

减速机的位置、间隙均调整好以后，装入定位销。减速机安装允许偏差如表 2-1 所示。

表 2-1　减速机安装允许误差

序号	项目	允许偏差（mm）	检验方法
1	与磨机的纵横中心线	≤±0.50	全站仪检查
2	标高	≤±0.50	标高应低于磨机
3	推力盘水平度	≤±0.02mm/m	0.01mm/m 水平仪检测

检测减速机推力盘顶面的水平度，核对与底板水平度误差方向是否一致。

5. 推力盘

推力盘浮起检测（重要项目）

当减速机润滑站调试完成后，检测推力盘浮起，这是保证减速机安全运行的一项重要检测。

（1）用 4 块百分表，均分对置放置。

（2）安装好百分表后，归零，启动高压泵。

（3）记录推力盘浮起高度、浮起时间。

（4）检测

空载试验：推力盘浮起高度空载≥0.3mm，4 个方位浮起时间基本同步、高度一致，否则调整高压供油。

重载试验：磨辊逐步加载到最大工作压力，确保推力盘浮起高度＞0.1mm，然后磨辊卸载，恢复空载浮起高度。

（5）停高压泵，记录推力盘下降时间，达到归零的时间 4 个方位基本相同，否则调整高压油路。

6. 验收

甲乙双方现场验收，签名确认。

2.3.2　联轴器

1. 联轴器的类型

立磨减速机一般选用双膜片联轴器或鼓形齿联轴器。当前选用双膜片联轴器较多，膜片联轴器属弹性联轴器，按弹性联轴器的安装标准检验安装误差。

2. 误差标准

通常，立式行星减速机弹性联轴器的安装误差标准如下：

径向误差≤0.08mm。

轴向误差ϕ200≤0.08mm。

有些减速机厂家出厂要求更加严格，请按说明书要求的安装误差进行同轴度检验。

3. 检验

用两块百分表同步检测，调整主电机，确保轴向误差、径向误差符合规范标准要求。在这里和大家讨论一下检测方法：

大部分安装检测人员，在检验联轴器安装误差时，都是把已经装好的联轴器一端的螺栓拆开检测。

其实，根本没有必要拆开。根据机械传递原理，减速机和电机的联轴器已经固定，联轴器的螺栓拆与不拆，在旋转的过程中，同轴度偏差结果是不变的。所不同的就是减少一道拆装工序，所以根本没有必要拆开已经安装好的联轴器。这就是施工技巧，在以后的安装误差检测时，就别再拆卸已经装好的联轴器了。

调整安装误差是个技术含量很高的工作，高水平的安装工，初次检测后，根据误差方位和大小，对主电机的调整一次到位，复检合格。

4. 联轴器螺栓

联轴器螺栓一般为铰制孔高强度精密螺栓。

设备制造商必须提供规格等级扭力表，使用力矩扳手按标准扭力收紧螺栓，确保螺栓收紧扭力准确、受力均衡，否则会发生不明原因的振动超限，螺栓、膜片、器身断裂等问题，哪怕同轴度完全符合标准误差。

联轴器在安装误差合格的情况下，使用中发生不明原因的振动、断裂，很可能就是螺栓的收紧问题。所以说，收紧螺栓是个技术活，不是用力拧紧、打死就行的。

5. 验收

检验合格后，甲乙双方现场验收，签名确认。

2.3.3　电机

1. 电机轴承

(1) 电机轴承分滑动和滚动两种。

滑动轴承的电机在安装时注意两点：

一是磁力中心线变化；二是需要润滑站。

(2) 滑动轴承的电机，静态和加电工作时，磁力中心不在同一位置，安装时特别注意，修正磁力中心线，使其在中心位置运行，否则运行后会发生减速机轴承发热、电机

轴承发热、电机出力不足、过载等问题。

特别提示：修正磁力中心这项工作很容易被忽视！

2. 绕组冷却

如果是水冷绕组，压力表、窥视镜、阀门、减振软连接等配置齐全。

2.4　润滑加载

随着建设工程质量的提高，润滑加载高标准，建议油箱、管道全部采用不锈钢材质。

2.4.1　减速机润滑站

1. 安装前的检查

（1）油箱

容积：是否大于减速机供油量（L/min）的15倍。

箱体：是否分为回油磁滤格、沉淀消泡格、取油格。

（2）加热器

加热器表功率＜0.7W/cm²。

（3）低压泵

检查油泵、供油量、供油压力等是否与技术协议一致，是否达到或超过减速机润滑需油量的50%。

（4）冷却器

检验低压总供油配置的自动调节冷却装置是否有效，是否保证供油温度（40±2)℃。

（5）过滤器

检查低压供油的双桶过滤器，是否易于切换操作，有效流量大于供油量1.5倍以上，检查滤网是否≤$\phi 40\mu m$。

检查高压供油的双桶过滤器，是否易于切换操作，有效流量大于供油量1.5倍以上，检查滤网是否≤$\phi 25\mu m$。

检查排污阀及管道设置是否合理好用，便于排污和清理。

（6）高压泵

检查高压泵是否与技术协议一致，为原装进口品牌。高压泵进出口设置减振软连接，严禁钢管直接硬连接。

（7）检测

详细检查设备配置是否齐全。

温度检测：油箱、低压供油、回油。

压力检测：低压总供油、低压供油、高压吸油、高压供油、低压（粗）过滤器压差、高压（精）过滤器压差，模拟量。

流量检测：总供油量、低压供油量、高压供油量。

油箱油位检测：模拟量。

2. 安装

（1）安装：要求铺设规范、整齐美观、固定牢固。

（2）油箱定位、配管预安装、酸洗、中和冲洗。

（3）冲洗：安装完成，用冲洗油站冲洗管道，冲洗油到达 9 级洁净度。

（4）注油：抽干冲洗油，擦净油箱，用≤$\phi 40\mu m$ 滤芯的滤油机加注润滑油，严禁用油泵直接加注。

根据技术协议的约定，加注 L-CKD320 工业闭式齿轮油或合成油。一次用油通常有承包商提供和加注。

（5）验收：甲乙双方现场验收，签名确认。

2.4.2　磨辊润滑、主电机润滑站

参照减速机润滑站。

2.4.3　磨辊加载站

1. 加载站

加载站应选用质量可靠、服务优良的设备供应商。

主要部件如液压泵、阀台等必须选用原装进口品牌。

2. 液压泵

液压泵一用一备。

3. 冲洗

安装完成后，冲洗清洁度达到 8 级，如果采用伺服阀或比例阀，达到 5 级。用≤$\phi 25\mu m$ 滤芯的滤油机加注液压油。

4. 试验

开启液压泵，对管道、工作油缸彻底排气，并进行功能试验：

（1）静态保压 24h，工作状态保压 4h，以压力变化 0.2MPa 为标准。

（2）升辊到高限位时间<60s，所有磨辊升辊时间必须同步，不同步时间<10%。

（3）压辊到工作位最长时间<60s，所有磨辊降辊时间必须同步，不同步时间<10%。

升辊和压辊时间过长，通过对阀台的调整不能满足要求，说明加载站设计偏小，须更换大规格的加载站。

5. 附件

设有检修用手动供油接口。

2.4.4　干油站

采用智能干油站，设有自动补油，各用油点分配合理。

2.4.5　涂装标识

安装、调试合格后，按照国家标准《工业管道的基本识别色、识别符号和安全标识》（GB 7231—2003），或者建设单位统一要求进行涂装和标识。

2.5 下机体部分

2.5.1 机架和过桥

机架也叫立柱、承载磨辊摇臂、磨机本体。

机架必须有足够的强度，特别是机械限位部位容易被忽视，如果强度不够，会造成重大设备事故。通常立磨有一个整体钢结构底板，主电机、主减速机、机架都安装在这个底板上。

按标记用螺栓将架体各部分连接好，接着调整、定位、点焊，以减速机的中心为基准调正架体中心，立柱中心相对于减速机中心允许偏差见表2-2。

表 2-2　机架安装允许误差

序号	项目	允许偏差	检验方法
1	机架中心与减速机中心	≤±0.50mm	测试铅锤检查
2	机架上部水平度	≤0.2mm/m	水平仪检查

如图 2-2 所示，一家负责任的设备制造商，出厂前在底板上预组装。

图 2-2　机架出厂预组装

1. 安装顺序

机架、过桥、下锥体、风环，最后是磨盘和衬板。减速机最迟在磨盘安装前必须安装到位。

2. 机架顶面是磨辊摇臂轴承座，严格控制机架的标高、顶面水平度，误差小于设计标准。

3. 轴承座与减速机（磨盘）中心同轴度误差符合设计标准，分度均匀，轴承座中心线中点的垂线指向磨盘圆心。

4. 过桥，或者叫磨辊平台连接梁。立柱安装定位后，安装过桥，起到加固立柱、检修通行等作用。

2.5.2　下机壳

下机壳也叫下锥体、下箱体，是热锥风通道，也是返料外出通道。机架、过桥安装后，依次安装下锥体、风环。风环导向片为耐磨堆焊材质。

由于此处的热风通常在 350℃左右，下机壳有效的保温措施是关键。由于返料在下机壳里通过刮料板刮出磨机，对机壳冲刷磨蚀严重，因此，机壳的耐磨处理也是关键（图 2-3）。

图 2-3　下机体内耐磨保温施工

2.5.3　磨盘和衬板

1. 磨盘连接减速机推力盘，传递动力，承载衬板和磨辊压力，负责做功。一般情况下，磨盘为外协加工，必须提供以下资料：

出厂合格证，探伤检测报告，上下面的平行度、上下面的平面度检测报告。

2. 安装前现场检测磨盘底面平面度。

3. 与减速机推力盘的连接。

提供螺栓规格、等级、扭力表。必须使用力矩扳手，按标准扭力收紧螺栓。收紧后检测磨盘顶面的水平度、平面度、标高。

核对水平度误差方向、误差大小与减速机推力盘误差是否一致。

4.磨盘出厂时安装有刮料板支架，与下锥体内挡料圈、磨盘形成迷宫密封，此部位安装控制不严，容易造成偏心刮擦。

刮料板支架必须安装牢固。

图2-4是一个存在设计问题的刮料板支架：长度不够，没有到下机体底面。同时也是一个典型的施工偷工减料：缺失紧固螺栓。

图2-4　设计失误、存在施工问题的刮料板支架

如果刮料板支架安装不当、疏于监督，留有隐患，在使用初期，难免发生刮料板支架松动、刮料版脱落、下锥体底板被撕裂等严重设备事故。

5.磨盘衬板

磨盘衬板安装前检测衬板底面的平面度。衬板间隙必须均匀一致，如果缝隙较大，用等高强度耐磨钢板塞紧缝隙。

2.5.4　挡料圈

磨盘挡料圈为耐磨材质，高度按设计施工，通常在调试过程中，根据实际运行工况，进行高度调整和固定。

2.6　磨辊之一

准备工作及整体要求

在磨辊装入磨机之前，由于是散件发运，先将辊的闭式密封盖朝下放置，清除污物，将支架推到轴的定位面上，放置挡板使润滑油口与油塞对正，最后拧紧挡板螺栓。

拆掉轴承盖，清理轴承座，涂上润滑脂并注满润滑脂，然后一起放进轴承座内进行找正，用力矩扳手拧紧摇臂轴承盖螺栓及其他紧固螺栓，旋转摇臂至翻口朝外的方向。同时清理磨辊轴，并且涂抹一些润滑脂，将整个磨辊插入摇臂轴承座内，套上轴套，盖上轴承盖，拧紧螺栓，并使其轮缘中心与研磨轨道中心相一致，对中偏差≤5mm。

2.6.1　磨辊

磨辊是立磨核心部件。

磨辊的支撑方式有辊架式和摇臂式，辊架式以 Polysius 为代表，也是一种很高效的立磨，但是我国市场保有量不大，本节只讲述摇臂磨机。

磨辊有锥辊和轮胎辊，安装程序相同。

磨辊轴安装在摇臂上，摇臂安装在轴承座上，轴承座安装在机架上。

安装初期的轴承座用螺栓固定在机架上，位置是可微调的。

摇臂两侧有锁销，锁紧后磨辊与摇臂形成整体，通过张紧装置对磨辊施加压力；解除锁销，磨辊绕摇臂轴自由旋转，可翻出翻入磨内。

1. 轴承

轴承是磨辊的重要核心部件，建议采用铁姆肯进口品牌轴承。因价格问题，选择国产轴承时，设备供应商确保轴承使用期限。如果技术协议没有标注，特别是低价中标的项目，甲方也不能事后无理要求。

安装前，开小端盖检查轴承与技术协议是否一致。

检查磨辊轴是否转动灵活。

一个人借助不超过两倍磨辊轴直径的杠杆盘车，可以转动，否则开大端盖检查或返厂处理。

2. 锁紧装置

磨辊垂直插入摇臂轴孔，后压盖锁紧，固定磨辊轴。用检修装置将磨辊顶起，到达锁销位置，找正后安装锁销。

锁紧装置有锥销胀套、直销等不同结构。

安装时应涂抹防卡剂，否则遇到检修，易造成拆卸困难，甚至采取破坏性切割拆卸，这都有深刻教训和切身体会。

锁销安装到位，锁紧固定螺栓。

3. 密封

磨辊密封极其重要，直接决定磨辊使用寿命。

立磨经过几十年的发展，优化的磨辊密封设计，已经改进为磨辊密封腔延长至磨外的密封方式，且无须密封风机。这项先进技术属于国内某著名品牌发明创造，具有专利保护。

是否采取了这种密封方式，要看采购的哪家设备，要看这家设备制造商是否掌握磨辊润滑的核心技术，要看技术协议有没有明确要求。

4. 检测保护

磨辊轴承温度检测。

设置内外轴承温度检测，热电阻紧靠轴承外圈或内圈安装，杜绝采用检测回油温度的替代方案。同时应安装料床厚度检测、磨辊转速检测、磨辊高低位电子限位。

高位作为主电机启机必要条件，低位作为触发保护跳机、自动升辊的条件。

5. 磨辊翻转

磨辊、中壳体安装完成，磨门安装前，对磨辊逐个进行翻转验证。

首先拆除磨辊锁销，安装检修翻辊装置，开启加载站，向检修油缸注油，观察磨辊与摇臂、磨辊与机壳有没有干涉、刮擦、卡阻。

2.6.2　磨辊润滑

1. 润滑油路

磨辊润滑系统，在对磨辊轴承润滑的同时，还起到冲洗、降温的作用，所以油路一定要合理，其原理在第 1 章里已经讲述过，在此不做过多解释。

需要说明的是，润滑油路是否合理高效，对磨辊使用寿命有至关重要的影响。

磨辊是哪种润滑油路，取决于设备制造商对润滑设计核心技术的掌握，一旦选定设备，不可能改变。

2. 润滑

磨辊安装到位，连接润滑油管，调试供油和回油。

磨辊润滑统一供油，回油各有独立的油泵，回油泵有防干抽设计，配置或安装不当，会造成供油不足，或回油不畅，通过气孔溢油。

磨辊轴承润滑，通常选用黏度指数 460 及以上的润滑油，可选用 L-CKD460 闭式工业齿轮油，也可选择全合成油。

密封腔在磨内，骨架油封的干油润滑和密封不可忽视，磨辊轴尾端有干油加注孔，建议采用智能干油站集中供油。

2.7　磨辊之二

2.7.1　磨辊的检测

磨辊与磨盘的相对位置正确与否，是整台磨机平稳、高效低耗运行的关键。当磨辊安装到位，润滑加载站调试运行后，就要对磨辊的安装进行检测、调整，然后焊接固定轴承座。

1. 将磨辊的机械限位、电子限位暂时退出。

2. 磨辊泄压，自然落在磨盘。

3. 标记磨辊内外端落点 D1 \ D2 点，升辊后连线，延长连线，检测是否按设计，磨辊轴指向磨盘圆心，并交汇于"O"点（图 2-5）。

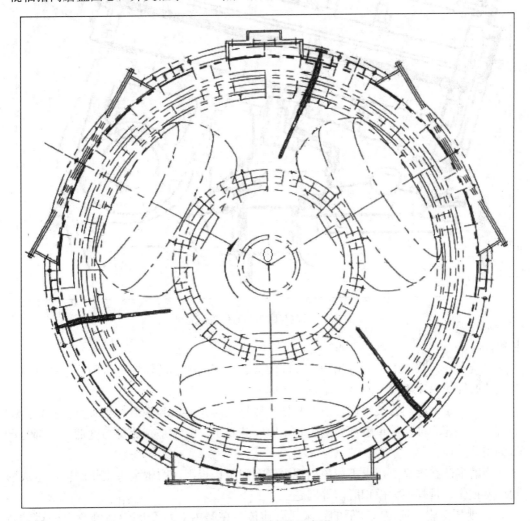

图 2-5　磨辊安装示意图

4. 检测磨辊之间分度是否均匀准确。

2.7.2　磨辊与磨盘

磨辊与磨盘的相对位置极其重要。

1. 锥辊磨机，磨辊在泄压落辊到磨盘位置时，与磨盘呈平行状态，如图 2-6 中内外 D1/D2 点；磨辊升起时，呈内大外小的楔形状态。

2. 磨辊泄压落在磨盘时，磨辊与磨盘应当全接触，保持相对平行，用灯光和塞尺

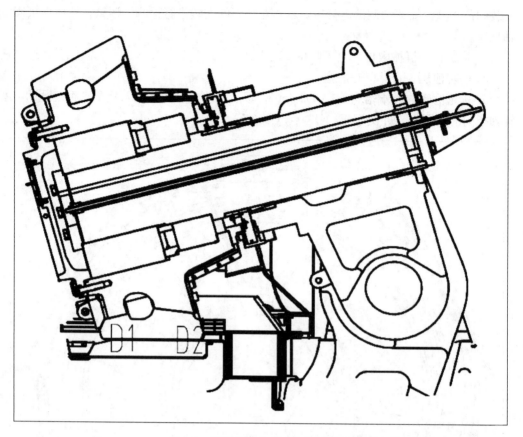

图 2-6　磨辊与磨盘相对位置示意图

检测。

　　磨辊在任何状态下不允许出现大头间隙大、小头间隙小的情况。否则会造成磨辊小头快速磨蚀、料床不稳、研磨效率低下等问题。

　　由于磨辊的标高安装错误，没有与设计数据核对，泄压落辊后，小头点接触，造成磨辊小头快速磨蚀。简单解释：磨辊轴承座安装高了，或者是减速机高度低了，都是严重的安装失误！

　　当磨辊落在磨盘上，也不应该出现内侧有间隙；否则，磨辊大头很快磨蚀，造成磨辊胎基损伤、堆焊层大面积脱落等问题。

　　3. 泄压落辊，辅传以较低的转速开启辅传，在磨内对每个磨辊在磨盘上的运动轨迹进行标记，所有磨辊的运动轨迹在同一个半径上运行。

　　4. 磨辊检测、调整完毕，达到设计要求，回复机械、电子限位，焊接固定摇臂轴承座。

2.7.3　验收

磨辊安装结束，现场验收，签名确认。

2.8　张紧装置

张紧装置的主要设备是液压缸。

液压缸通常安装在机架内的油缸底座上，液压缸的轴杆通过销轴与摇臂下球头连接（图 2-7）。

图 2-7　球头销轴生锈，采取吹氧切割的拆卸方式

2.8.1　液压缸的安装

安装前复测摇臂球头轴孔和液压缸底座轴孔的实际尺寸，是否与设备安装图设计一致，然后拆下预装在摇臂和底座的销轴。

移动缸体时，特别注意保护轴杆、轴头丝扣、油嘴，避免磕碰损伤。缸体到位后，分别连接液压缸两头的销轴，调整关节轴承两边的间隙，注意上下轴承加油口位置，使之便于安装干油加油管。

特别提示：安装上下销轴时，千万不要忘记涂抹防卡剂或润滑脂；否则，给以后的检修造成很大的麻烦。

图 2-7 是一例液压缸密封损伤漏油，需要更换密封圈，因安装时未涂防卡剂，球头销轴无法拆卸，只能采取破坏性吹氧切割的方式拆卸液压缸。

2.8.2　液压管路

所有管路预安装完成，拆卸冲洗，冲洗油达到8级洁净度（采用比例阀、伺服阀的液压系统，洁净度达到5级）。

二次安装完毕后，将管路、液压缸、蓄能器充满工作用液压油。

充油时打开液压缸、蓄能器的排气阀，排净管路、液压缸、蓄能器的空气，防止工作时发生气爆，造成系统振动、液压油氧化。

管路的弯管、对接、焊接、酸洗、固定、涂装、标识等安装流程，严格按照相关标准，规范施工。

2.8.3　蓄能器

检查、校正蓄能器氮气压力。

调整氮气压力为液压缸设计工作压力的 60%～70%，保持压力一致更为重要，不平衡误差≤5%。

运行正常后，根据实际加载压力再次调整蓄能器氮气压力。

2.8.4　液压缸使用

安装完成，首先做极限压力试验。

有杆腔、无杆腔加压达到极限 25MPa，反复加压、泄压，然后保持最大压力。

检查管道、蓄能器是否破裂，接头、焊接部位是否渗漏，油缸是否串油，密封件是否渗漏油。

检查压力传感器等元器件是否失灵、损坏，检查阀台、各阀门动作是否灵活、准确、可靠。

液压缸在使用中，保持轴承润滑良好，保持清洁无污染，保持拉杆干净，防止防尘套、密封圈损坏。

反复检查油路、液压缸、蓄能器是否有渗漏。

液压缸在使用过程中，会发生意想不到的问题，如拉杆断裂、球头断裂等。至于活塞密封圈损坏、渗漏、串油、拉缸等问题，属于常见故障。

2.9　选粉机

选粉机安装在上机壳内。

2.9.1　选粉机

选粉机又叫分离器或动态分离器。其作用是通过动静叶片的切削作用，将合格的产品选出，较大颗粒的物料通过选粉机下集料锥，重新落回磨盘继续研磨。

矿渣立磨选择动静叶片组合动态分离器。

2.9.2　安装静叶片

静叶片选择整体鼠笼式，避免现场单片安装。

固定笼式静叶片安装在上机壳，安装完毕，检测顶面的水平度，检测与磨盘的同轴度。其误差符合设计标准。

2.9.3　安装转子

转子在制造厂整体装配，进行动平衡试验，经配重调整合格后出厂，提供试验报告和合格证（图 2-8）。

图 2-8　选粉机转子出厂动平衡试验

安装后，检测一周间隙保持一致。

慢盘车，调整与静叶片的同轴度，不得与静叶片有刮擦，合格后固定。

2.9.4　安装上机壳

安装前对上机壳做耐磨保温处理。

2.9.5　安装驱动

转子驱动首选液压马达，次选变频电机减速机。

液压马达驱动，特性较硬，转速准确，便于准确调整产品质量。磨机上部结构简单、设备少、维护方便。

选用变频控制，为避免降频时变频器发生故障跳机，配置制动电阻。

2.9.6　安装干油润滑和温度检测

选粉机转子下轴承在磨内，工作环境恶劣、温度高，所以转子轴承必须有温度检测装置。

轴承采用集中智能干油润滑，供油间隔和供油量设计合理。通常下轴承每 5min 供油一次，每次 5 泵以上。

干油管和温度检测线做好耐磨保护，避免快速磨穿。

再给大家提供一个个人发明的保护措施：贴近下轴承，安装一圈吹扫管，起到保护轴承降低温度的有效作用，这也是实践经验得来的。

2.9.7　调试

在 30Hz 低频试车后，50Hz 全频试车连续运行 8h 以上。

投产后，生产合格（S95 级矿渣微粉，生产控制一般≥420m²/kg），变频器给定和反馈频率应当在（40±5）Hz。

低于 35Hz，因变频器 VF 曲线的关系，将会造成选粉机电流升高，绕组过热、报警，甚至保护跳机。高于 45Hz 将给产品质量调整带来困难。

2.10　收粉器

超低排放，为青山绿水、蓝天白云做贡献。

环保标准不断提高，每一家矿粉公司必须认真对待排放问题，这攸关公司生死存亡。

1. 安装前的检查

（1）检查壳体钢板厚度。

（2）检查布袋材质是否是亚克力覆膜、单位重量≥550g/m²。

（3）检查袋笼涂装。

（4）检查电磁阀是否是原装进口淹没式。

（5）检查卸灰阀是否是三级串联单板阀。

收粉器因体积巨大，大部分为现场焊接。安装完成，在投运前严格进行荧光粉检漏测试，不放过任何一个漏点（砂眼、焊缝），确保漏点为 0，确保灰室与气道之间无泄漏（图 2-9）。

2. 基本要求

达到 10mg/m³ 以下排放标准，漏风率≤3%，布袋使用寿命 3 年以上。为确保反吹时不影响供气压力，设置独立的储气罐。

2.11　主风机

2.11.1　安装要点

风机轴的水平度和联轴器的同轴度。

2.11.2　风量风压

主风机的风量风压按设计产能计算，合理配置。计算方法有热平衡法和粉尘浓度

图 2-9　收粉器安装荧光检测

法，一般采用粉尘浓度法配置风量，风压按 7500Pa 配置。

检查出厂说明书、设备标牌是否一致。

2.11.3　检查出厂资料

检测报告、合格证、转子动平衡试验报告。

2.11.4　误差检测

风机轴的水平度有关规范≤0.05mm/m，为保持风机长期稳定运行，实际安装中通常要求达到≤0.02mm/m。

联轴器一般采用双膜片联轴器，按弹性联轴器标准，用百分表检测：

径向误差≤0.08mm，轴向误差 $\smallint 200$≤0.08mm。

如果采用刚性联轴器，径向误差≤0.03mm，轴向误差 $\smallint 200$≤0.02mm。

2.11.5　运行控制

主风机采用变频控制，设置进口电动调节阀。

2.11.6 检测和保护

安装进口风量、风压、风温，轴承振动、温度，电机轴承、绕组温度检测。

2.11.7 螺栓紧固

提供连接螺栓的规格、等级扭力表，使用力矩扳手按标准扭力收紧螺栓，特别是联轴器铰制孔螺栓，必须使用力矩扳手收紧。

再次强调：紧螺栓不仅是个力气活，更是个技术活。

本章开篇就说紧螺栓，在此不做过多解释，不按规矩收紧联轴器的螺栓，野蛮施工，造成隐患，使用中就会发生问题，造成损失。

2.11.8 其他

进出口分别设置补偿器，出口或通向大气一侧的管道设置消声器，机壳安装隔声棉、外保护壳。

进出管道独立固定支撑，管道的垂直压力、侧向剪切力不得传递到风机机壳。

2.11.9 试验

安装完成后，全频（工频）、全开风门、全负荷试验，连续运行 8h 以上，检测记录轴承振动、温度，电机负荷。

2.12 热风系统

热风系统包含热风管道、热风炉及系统保温。

2.12.1 热风管道

1. 所有热风管路按合理风速≤15m/s 设计施工。

管道通风面积是指扣除内保温层后的实际有效面积。在设计时充分考虑保温层厚度，在施工后实际测量，重新计算。

2. 混风室设在炉膛出口，包括：热风进口、应急放散阀、循环风进口、冷阀及工作热风出口、龙门截止阀。

3. 炉膛出口设置应急放散阀，这是不可或缺的安全措施。

应急放散阀耐温≥600℃。正常工作时应急阀为常闭状态，停机或故障跳机时自动打开。

4. 混合后的工作热风出混风室，设置龙门截止阀。

龙门阀耐温≥600℃。正常工作时龙门阀为常全开状态，停机或紧急故障跳机时自动关闭。龙门阀之后设置一个冷风阀。

5. 主风机出口设置消声器、机壳隔声棉，出风分为两路：

第一路直接进入烟囱向大气排放，进入烟囱前安装调节阀。

第二路循环风进入混风室，安装调节阀。在满负荷时阀门开度 40%～50%，否则优化设计，重新施工。

6. 管道壁厚和加强圈足够，确保管道不变形。所有开口、分叉处增加补强圈和加强筋。

7. 所有管道支撑均为管托＋滑动或滚动支座。

关于管道与管托、管托与支座、支座与底座的关系，谁与谁之间滑动，谁与谁之间固定，这是常识在此不做解释。如果设计、施工不正确，一个小小的施工错误，会导致严重的管道运行事故。

8. 所有补偿器采用不锈钢波纹膨胀节，补偿量足够，杜绝容易损坏的滑动伸缩补偿器。

2.12.2　热风炉

检查资料：

产能、烧嘴类型、燃气适用性与设计和实际气源是否一致。

1. 采用无人值守型旋风预热式燃气热风炉。

双层外壳，助燃风经过外壳螺旋通道被加热，同时对外壳降温，进入烧嘴。炉膛有燃烧蓄热室、挡火墙等稳定燃烧设计。

2. 所有功能与操作可实现本地与中控操作。

3. 助燃风机变频控制，带进口电动调节阀、带工频旁路开关。进口安装消声器、机壳安装隔声棉。

4. 有自动点火装置、火焰检测、熄火保护。

5. 系统检测包括：

燃气流量、燃气总管压力、调节阀后燃气压力、助燃风压力、氮气压力、炉膛压力、炉膛温度、炉膛出口温度。

6. 管道基本配置：

调节阀前后密封阀、盲板阀、放散阀、快切阀、流量调节阀、流量计等。

7. 现场燃气漏气检测、报警设施齐全。

2.12.3　系统保温

当前节能降耗是大势所趋，更是企业降低成本、增加竞争力的有效措施。有效的保温设计和施工，对降低系统热耗至关重要。

1. 热风炉出口管道和混风室 350℃以上部位做内（硅钙或硅铝板≥25mm＋喷涂厚度≥100mm）＋外保温。

2. 从混风室到入磨口 350℃以下管道做内（喷涂厚度≥100mm）＋外保温。

3. 磨机本体做内耐磨保温（包括进风口、落料槽、下机体），底板、下机壳侧边、中机壳、上机壳、出粉管、磨内集料锥、进料装置外壳，首选美国丹狮高温耐磨浇注料。

4. 出粉管做内耐磨保温（直至收粉器进口）＋外保温。

5. 收粉器本体、主风机前风管、循环风管做外保温。

6. 外保温采用硅铝毡，杜绝岩棉，按标准施工。

　　很多保温施工都是在管道外面裹上一层岩棉，岩棉外封上彩钢板，一旦刮风下雨，保温层进雨水，保温效果大打折扣。

　　应按外保温施工标准严格操作。

　　内保温的锚固钩、支护网固定牢固，喷涂材料优质高效。外保温的保温层、防雨层、保护层，各层绑扎牢固、固定可靠。

第 3 章 矿渣立磨试车方案

3.1 矿渣立磨之联动试车方案

建材公司

矿渣微粉生产线

联

动

试

车

方

案

年　月　日

批准：　　审核：　　编制：

3.1.1　联动试车组织方案

1. 联动试车的目的

为投料试生产做准备。

经过单机试机，试机过程中出现的问题已经处理，确认所有设备单机独立运行正常；经过分系统试机，系统组启、组停正常、联锁控制系统稳定可靠。进行联动试车，为投料热试做好准备。

2. 试车时间节点

依据公司统一安排的建设项目进度，依据承包商设备问题整改的实际时间，初步确定联动试车为　年　月　日～　月　日，为期一周。

3. 组织机构

有力的组织机构是保证联动试车顺利进行的关键。

（1）项目总指挥

（2）建设负责人

（3）现场总指挥

（4）工艺负责人

（5）设备负责人

（6）电器负责人

（7）安全负责人

（8）其他

4. 参加单位

（1）承包商

（2）采购部

（3）设备部

（4）生产线

（5）安环部

（6）餐饮部

5. 矿渣粉项目简介

某公司年产 100 万 t 矿渣微粉生产线主要包括 9 个系统，系统划分和每个系统设备情况如下：

（1）上料系统

铲车、受料斗、棒阀、计量皮带、上料皮带、除铁器、螺旋输送机。地坑排水通风设施运行正常。

（2）磨机系统

主机、选粉系统、喷水系统、稀油润滑系统、加压系统。

（3）返料系统

返料皮带、返料斗提、除铁器、铁粒仓、除尘器、锁风阀等。

（4）成品系统

收粉器、取样器、成品斗提、入库斜槽、除尘器、卸料阀、料位计等。

（5）热风系统

主风机、管道阀门、热风炉、管道及阀门。

（6）公辅系统

循环水系统、压缩空气系统。

（7）均化装车系统

均化装车系统。

（8）电气系统

① 高压系统：含进线柜、开关柜、PT 柜、变频柜、启动柜、补偿柜、变压器等。

② 低压系统：含直流屏、进线柜、动力柜、控制柜、补偿柜、现场操作箱。

③ PLC 系统。

④ 主控电脑操作系统。

⑤ 照明系统等。

（9）网络、通信、监控系统

确保网络通信正常、现场通信畅通、视频监控清楚、监控操作顺畅。

3.1.2　联动试车施工方案

1. 试机前的准备

（1）检查确保每台设备的滑动和旋转部位没有障碍物。

（2）检查确保设备内无螺栓、螺帽、工具器件等遗留物。

（3）检查确保每个需要加油的部件都已安装标准加注且润滑良好。

（4）现场操作人员与中控室操作人员通信畅通。

（5）必须让工作人员退出危险区域，并确保周围环境的安全性。

（6）设备的启、停车，联锁、联动、顺序启停及延时、计时等功能都已具备且经过确认。

（7）润滑系统、加载系统、每个压力、温度点等已设置完成，中控功能已完备投运。

（8）启机告警有效。

2. 系统参数设定及其联锁值的初始设定及检验

系统工艺参数见表 3-1（仅供参考）。

表 3-1　系统工艺参数

润滑站		
减速机润滑站		
1	主机允许工作（供油温度）	(40±2)℃
2	加热器启停（油箱温度控制）	<35℃启，>38℃停，45℃报警
3	冷却水启停（供油温度控制）	>42℃启，<38℃停，35℃报警
4	低压泵出口压力	<0.1MPa 停机，<0.12MPa 启备，>0.2MPa 停备
5	高压泵出口压力	任意一个≤3MPa、≥12MPa、相邻泵出口压力差≥3MPa 停机
6	油位	≤300mm 报警，≤200mm 跳机

续表

磨辊润滑站		
1	主机允许工作（供油温度）	（40±2）℃
2	加热器启停（油箱温度控制）	<35℃启，>38℃停，45℃报警
3	冷却水、停（供油温度控制）	>42℃启，<38℃停，35℃报警
4	供油工作压力备用启停	<0.1MPa停机，<0.12MPa启备，>0.2MPa停备
5	油位报警	≤260mm报警，≤180mm跳机
主电机		
1	绕组温度	115℃报警，125℃停机
2	轴承温度	75℃报警，85℃停机
选粉机电机		
1	绕组温度	115℃报警，125℃停机
2	轴承温度	75℃报警，85℃停机
主风机电机		
1	绕组温度	115℃报警，125℃停机
2	轴承温度	75℃报警，85℃停机
3	振动报警、系统停机	>4.6mm/s报警，>6.2mm/s停机
减速机		
1	推力瓦温度、报警、停机	>65℃报警，75℃停机
2	高速轴承温度、报警、停机	>75℃报警，85℃停机
3	振动报警、系统停机	≥3mm/s持续1s报警；≥5mm/s持续1s停机
循环水系统		
1	工作压力	<0.3MPa报警、启备
2	温度	>28℃启冷却塔风扇
热风系统		
压力	入磨负压	−300～−600Pa
压力	压缩空气	≤0.4MPa报警，≤0.3MPa停机，>0.8MPa报警
压差	磨机压差	2800～3200Pa
压差	袋收尘压差	800～1500Pa
温度	入磨风温	200～350℃
温度	出磨风温	100～105℃，>110℃报警，>120℃停机
热风炉		
压力	炉膛压力、煤气总管压力	炉膛压力 −100～−800Pa，>-50Pa报警；
温度	炉膛温度、出口温度	炉膛工作温度800～1150℃，<800℃报警 出口温度450～600℃，>600℃报警

注：以上参数是初始数据，最终数据要在调试过程根据具体情况做调整。

电气自动化工程师对磨机系统参数的初始设定进行反复检查、确认。

3. 磨机系统操作顺序

（1）组启公辅系统：启动循环水系统和压缩空气系统，保证水压0.2～0.3MPa，压缩空气或氮气的压力0.4～0.6 MPa。

（2）组启润滑加载系统：主电机润滑站、减速机润滑站、磨辊润滑站、干油站、磨辊加载站。

（3）组启成品入库系统（包括库顶收尘系统）。

（4）组启成收粉选粉系统。

（5）组启返料系统。

（6）启动热风系统。

（7）开机之前，选粉机初始给定 10Hz，主风机初始频率给定 10Hz，启动运行稳定后再逐步提高。循环风阀设定为 50%，排风阀设定在 70%，冷风阀设定为 100%。

（8）启动热风炉。逐步调整循环风阀开度、煤气阀门开度以及助燃风机进口阀阀门开度。在热风炉内保持微负压的（－50～－100Pa）状态下，点火。

（9）点火成功后，保持磨机平稳升温，初次加热升温速度要小于 60℃/h，直到磨机出口温度稳定控制在 85～90℃。

（10）确认所有设备均已备妥，中控室发出启机告警之后，启动主电机，启动磨机入磨系统。

4．磨机停机

停机可分为正常停车和紧急停车两种。当因库满、待料、计划检修或其他原因需要系统停机时，为正常停车，按如下程序操作：

（1）按工艺流程顺序停机。

（2）停计量皮带，当上料皮带机上的尾料完全进入磨时，准备升辊。

（3）降低主风机频率。

（4）降低循环阀、热风阀的开度，调大冷风阀的开度。

（5）热风炉降温操作，严格控制磨机出口温度不大于 115℃。

（6）无返料时停主电机。

（7）停主风机、选粉机、密封风机。

（8）停返料皮带、返料提升机、鼓形除铁器。

（9）停成品系统：成品斗提、库顶斜槽风机停卸灰阀。

注意，必须经现场人员确认库顶上空气斜槽中的成品已经全部进库后，才能停止成品输送系统。

（10）停润滑站。

（11）停公辅系统。

5．紧急停机

紧急停机时，按照如下顺序操作：

（1）停磨机主电机、关小煤气、调低助燃、兑冷风机阀门开度、开启冷风阀，要严格控制磨机出口温度不大于 115℃。

（2）磨机升辊，停止喂料。

6．磨机系统非正常停机条件

磨机保护系统在出现异常情况时，会自动保护性停机。

（1）出现下列情况之一时，主风机将自动停机。

① 主风机电机绕组温度高于 125℃，电机轴承温度高于 85℃；

② 主风机轴承温度高于 85℃，轴振动值大于 5mm/s 连续 1s 以上；

③ 选粉机异常停机。

(2) 出现下列情况之一时，磨机将会保护性停机。

① 系统压缩空气压力不大于 0.3MPa；

② 磨机出口温度高于 125℃；

③ 减速机推力轴承温度高于 75℃；

④ 磨机主电机绕组温度高于 125℃；

⑤ 磨机主电机轴承温度高于 75℃（滚动轴承＋10℃）；

⑥ 减速机润滑油低压供油低于 0.1MPa；

⑦ 减速机润滑高压供油压力低于 3MPa；

⑧ 磨辊润滑供油压力低于 0.1MPa；

⑨ 磨机振动大于 8mm/s 连续 5s 以上；

⑩ 成品输送系统异常停机；

⑪ 其他意外故障（跳机联锁清单所包含的内容）。

3.1.3 问题的发现和处理

在联动试车过程中，主要是设备暴露问题的时机，会发生各种各样的问题，要求每一位参与的人员要冷静对待，正确处理。

1. 一般问题

首先在保证安全的前提下，一般问题采取现场处理的办法，尽可能地保持主电机、主风机运行。

2. 较大问题

较大问题需要停机处理时，需经总指挥同意，按正常停机顺序停机。

3. 紧急故障

紧急故障应果断处理，立即停机，停机后查找原因，处理故障，确认问题解决后再次启机。

3.1.4 主控室操作员工的学习培训

1. 利用联动试车的机会，由承包商的技术人员在主控室指挥，由中控操作员轮换实际操作，全面掌握矿渣磨的操作、调节、控制。

2. 启停机计划

联动试车期间，为确保每一位中控操作员都能熟练掌握矿渣磨全系统启停、调整，计划每天白班启停机 3 次，夜班连续运行，由承包商指导。

3.1.5 试机总结

联动试车结束后，首先总结存在的问题，划分问题类型，分别向有关部门汇报，以便得到及时解决。

制订整改计划及负荷试车计划。对主控室员工进行考试，按照成绩进行奖罚，之后按照水平高低对应编排班组，确保全部中控操作员熟悉矿渣磨的操作，保证矿渣磨安全、高效运行。

3.2　矿渣立磨之负荷试车方案

建材公司
矿渣微粉生产线

负

荷

试

车

方

案

年　　月　　日

批准：　　　审核：　　　编制：

3.2.1　负荷试车的目的

为正式生产做好充分准备。

3.2.2　负荷试车的基本条件

1. 联动试车完成，试车问题全部解决。
2. 所有在线设备连续运行 24h。
3. 任何一台设备因故障停机，连续运行时间自再次开机时重新统计。
4. 系统工况达到投料条件。
5. 具备基本的产品比表面积检验能力。
6. 主要工艺参数（详见联动试车方案）。

3.2.3　时间节点

根据计划进度的安排，负荷为期 3d，试车进程安排如下：
1. 启动所有设备，达到生产工况进行联动试车。
2. 向矿渣堆场备料，受料斗加料。
3. 投料，负荷试车开始。
4. 正式生产。

3.2.4　组织机构

1. 总指挥
2. 现场总指挥
3. 安全负责人
4. 后勤保障
5. 设备负责人
6. 电器负责人

3.2.5　启机顺序

1. 启机设备

（1）原料系统待机。

（2）公辅系统：氮气或压缩空气，稳定压力 0.4～0.6MPa、循环水 0.3MPa、主电机润滑油站、减速机润滑油站、磨辊润滑油站、干油站。

（3）热风炉（煤气压力＞0.6kPa，保持炉腔温度 900～950℃）。

（4）成品系统：库顶除尘器、入库卸料阀、入库空气斜槽及风机、入库斗提、卸料阀；装车集中除尘器、回料空器斜槽及风机、卸料阀。

（5）收粉系统：成品空气斜槽、主收尘器、主风机（初始频率 15Hz）、选粉机（初始转速 300r/min）、密封风机。

（6）返料系统：返料除尘器、回转锁风阀、鼓型除铁器、振动给料机、三通切外排、返料斗提、返料皮带、出磨双翻板阀。

（7）磨机系统：加载站 2 台、升辊、主电机、入磨双翻板阀。

（8）上料系统：除铁器、5 号上料皮带、1 号和 2 号计量皮带。

2. 投料热试

原料入磨，降辊。初始投料量为设计产量的 30%，根据磨机负荷随时调整投料量。根据系统工况的变化，及时调整磨辊压力、主风机频率、各阀门开度、热风炉煤气流量等，保证系统工况正常。

3.2.6　产品质量的控制

首批产品出磨，及时取样，立即检验产品细度，使用负压筛，用 0.045mm 方孔筛，调整选粉机转速，控制筛余<0.8%。

同时用 SBT 127 型勃氏透气比表面积仪做比表面积检验，在产品密度检验结果未出前，假定产品密度 $2.86g/m^3$，以此计算量筒填装量。

及时对产品密度进行检验，将基础密度数据保存、输入勃氏比表面积测定仪，用标准粉校正比表仪，对产品进行比表面积检验。每周一次密度检验。

为确保入库产品合格，生产过程比表面积控制范围 $420\sim430m^2/kg$。同时做细度对比检验，以比表面积作为依据，细度作为参考。每小时一个出库产品比表面积检验。每天一个生产线混合样物理检验，进行 7d 和 28d 活性检验。

3.2.7　原料的准备

1. 初期试生产设备发生问题的可能性很大，原料准备充足。
2. 投料前，为稳定生产，堆场内应储存 3d 以上的矿渣。
3. 矿渣堆场的原料采用装载机向受料斗供料。

3.2.8　投料量的计划

1. 根据设计产能，建议运行时间和产能按表 3-2 计划执行。

表 3-2　投料量计划

运行时间（h）	与设计产能比	运行时间（h）	与设计产能比
0~72	50%~80%	144~216	90%~100%
72~144	80%~90%	216~1500	≥110%

2. 如果矿渣磨不能达到设计产能，只能按照设备的实际性能投料运行。

3.2.9　连续生产

负荷试车过程顺利，没发生设备故障，可以连续生产。

3.2.10　问题的处理

在试生产过程中，会发生各种各样的问题。

1. 一般问题

首先在保证安全的情况下，一般问题采取现场处理的办法，尽可能的在不影响主机运行的情况下处理。

2. 较大问题

较大问题需要停机处理时，需经总指挥同意。

3. 紧急故障

紧急故障应立即停机，停机后按照顺序依次将所有设备停机，之后查找原因，处理故障，确认问题解决后，可以再次启机。

第 4 章　矿渣立磨操作规程

4.1　矿渣立磨之操作规程

矿渣立磨

操

作

规

程

本规程自　　年　月　日起执行

批准:　　　审核:　　　编制:

4.1.1　启动公辅系统

开启循环水、压缩空气或氮气、煤气系统。

4.1.2　启动润滑加压系统（正常在联锁状态组启）

依次开启电机润滑站、减速机润滑站、磨辊润滑站、主辅辊加载站、干油站。

检查、确认运行正常、联锁状态。

4.1.3　启动成品系统（正常在联锁状态组启）

依次开启库顶除尘器、斜槽风机；成品斗提、斗提前斜槽风机。

检查、确认运行正常、联锁状态。

4.1.4　启动收粉系统

开启密封风机、选粉机减速机润滑油站；启动选粉机，缓慢升至运行频率；开启收粉器下斜槽风机、收粉器、主风机（10Hz 启动）。

检查、确认运行正常、联锁状态。

4.1.5　启动返料系统（正常在联锁状态组启）

依次开启回转锁风阀、除铁器、返料斗提、返料输送机。

检查、确认运行正常、联锁状态。

4.1.6　启动热风系统

详见热风系统操作规程。

4.1.7　启动磨机系统

确认磨机内无人，磨机门已关好；

经磨机工检查、确认可以启动磨机并通知主控，启机预警；

确认润滑系统的 OK 信号全部到达；

确认出磨温度≤110℃；

清报警、报警复位；

启机告警结束，启动磨机；

进相器操作置于自动状态，由电脑自动控制进相的投入和切除。

检查、确认运行正常、联锁状态。

4.1.8　投料生产

出磨温度具备生产条件。

1. 启动入磨系统

依次启动入磨锁风阀、滚条筛、上料皮带、计量皮带机。

2. 加载

原料入磨，当有返料时，适量喷水，点"压辊"，当操作画面出现"磨辊加压中"，同时观察磨机振动值，如果磨机振动平稳，电机正常运转，代表压辊成功，正常生产。

3. 调整

当磨机正常生产后，根据磨机出口温度、磨机压差、返料量大小、炉膛负压等参数调节投料量、煤气调节阀和助燃风开度、主辊压力、选粉机转速、主风机频率，保证稳定生产。

4. 保持

保持磨机稳定运行。

5. 检查确认联锁状态。

4.1.9　正常生产时注意事项

观察磨机出口温度，正常在 100℃左右，当磨机出口温度低于 95℃时，增大煤气调节阀开度，当磨机出口温度高于 105℃时，减小煤气调节阀开度。

观察磨机压差，在 2800～3400Pa（不同磨机有不同的参数）之间并保持稳定，当磨机压差持续升高同时排料量增大，代表磨机负荷偏大，首先适当降低料批，也可以适当调高主风机频率。

观察磨机振动，正常在 3mm/s 以下，当磨机振动持续增大时，首先适当降低料批、增加喷水量，也可以适当降低选粉机转速或适当调高主风机频率。

磨机刚启动时，由于工况不稳定，容易导致成品输送斜槽及返料系统堵料，此时中控操作人员要和巡检工及时沟通，巡检人员根据中控操作人员的要求及时检查各设备，发现问题及时处理。

磨机正常生产时，中控操作工要及时发现电脑屏幕顶部的报警记录及屏幕上的报警信号，对出现报警的设备通知巡检工和岗位工及时检查处理。

设备巡检工每间隔两小时按照计量地坑、上料皮带、磨机顶部、收粉器、输送斜槽、成品斗提机、成品库顶的顺序进行检查，对容易堵料的部位放置橡皮锤，来回进行敲打，发现问题及时处理。

4.1.10　立磨正常停机

停上料系统：依次停计量皮带、上料皮带、入磨锁风给料机，保持计量皮带、上料皮带无料空载状态后停机。

升辊，主辅辊升到高位时；

停主电机；

停热风系统，调节各阀门，保持出磨温度低于 115℃；

停机后磨机出口温度超过 115℃，打开磨机人孔，辅助降温；

主风机频率调至 10～15Hz；

5min 后停返料系统；

10min 后收粉系统；

20min 后停成品输送系统；

30min 后停润滑系统、停公辅系统；

检查所有操作在联锁状态。

4.1.11　故障和紧急停机

点开操作屏幕右下角的紧急停车按钮；

冷静确认，点击紧急停机；

停计量皮带机、上料皮带；

主风机频率调至 10～15Hz；

将煤气调节阀调至 10%、助燃风机调至 15Hz；

兑冷风调节开至 100%；

保持出磨温度低于 115℃；

停机后磨机出口温度超过 115℃，打开磨机人孔，辅助降温。

检查、排除故障，磨机工及其他岗位确认问题排除后，待磨机出口温度降至 115℃ 重新启动磨机生产。

附件：主要报警跳机值（表 4-1）

表 4-1　主要报警跳机数据

位置	数量	报警参数设定值	单位	备注
压缩空气总管压力	1	<0.40 报警	MPa	煤气快切阀关闭
循环水管总压力	1	<0.3 报警	MPa	
烟气炉内温度	1	>1150 报警 <800 报警	℃	
烟气炉内压力	1	>−50 报警	Pa	
立磨入口温度	1	>350 报警	℃	
立磨出口温度	1	>110 报警 >120 停磨	℃	停主风机
立磨入口压力	1	>−300<−1200 报警	kPa	
立磨振动	1	>1801s 报警 >2501s 停机	μm	
减速机振动	2	>3/1s 报警 >5 /1s 停机	mm/s	
立磨主电机电流	1	>额定电流报警	A	额定
立磨电机绕组温度	3	>115 报警 >125 停机	℃	F 级
立磨电机轴承温度	2	>75 报警 >85 停机	℃	滚动+10
减速机推力瓦温度	12	>65 报警 >75 停机	℃	
减速机输入轴承温度	2	>75 报警 >85 停机	℃	
主风机电机电流	1	>额定电流报警	A	额定
主风机电机绕组温度	3	>115 报警 >125 停机	℃	F 级
主风机电机轴承温度	2	>75 报警 >85 停机	℃	滚动+10
主风机轴承温度	2	>75 报警 >85 停机	℃	滚动+10

4.2　矿渣立磨之燃气热风炉

矿渣立磨

燃气热风炉

操

作

规

程

本规程自　　年 月 日起执行

批准:　　　审核:　　　编制:

4.2.1　特别警告

无论使用任何类型的燃气，燃气热风炉所有操作必须2人或2人以上，佩戴气体检测报警仪，现场安装固定检测报警器，备有呼吸器、灭火器。

4.2.2　启动热风系统

排空水封；

打开盲板阀；

打开水封前的蝶阀；

助燃风机进口调节阀在"0"位；

启动助燃风机；

打开煤气密封阀；

煤气调节阀在"10％"左右；

打开快切阀；

点火，确认火焰正常；

打开烧嘴阀。

现场和中控同时观察火焰情况。如果煤气没有燃烧，立即关闭烧嘴阀、切断煤气，5min后重新点火。

燃烧正常，关闭放散。

4.2.3　关闭热风系统

依次关闭

快切阀、烧嘴阀；

关闭水封前的蝶阀；

打开放散；

打开水封进水阀，将水注满、保证长流水；

关闭煤气密封阀；

调节阀至"0"位；

关闭盲板阀。

4.2.4　本操作规程自　年　月　日起执行

附录：热风炉操作要领

整个矿渣磨系统，有较大安全隐患的地方是热风炉，因此，热风炉的操作尤其重要。

1. 点火前的检查确认

（1）确认煤气系统：

烧嘴手动阀0％，气动快切阀关闭位、流量调节阀0％，前后电动蝶阀（密封阀）0％，盲板阀关闭位。

（2）确认：助燃风阀0％，助燃风机进口阀0％。

（3）确认：冷风阀 100％、环风阀 100％、排风阀 100％。

2. 点火前的准备

（1）炉膛内点明火（有自动点火系统除外）。

（2）当炉膛温度升至 300℃ 以上时，准备煤气进入炉膛内的工作。

3. 点火

（1）开启助燃风机，频率 10Hz，风机进口阀开至 10％ 左右（保持炉膛微负压）。

（2）依次打开：

现场操作烧嘴手动阀 100％；

主控操作开启气动快切阀，开限位到位。

（3）现场依次打开盲板阀，开限位到位。

现场开启电动密封蝶阀 100％，开启到位后切中控。

（4）在热风炉窥视孔观察煤气着火情况，根据着火情况，调节电动流量调节阀至 3％～6％。

（5）依据饱和比情况依次调节流量阀、助燃风机频率，使炉膛温度慢速升温（升温速度≤100℃/10min），保持炉膛温度 850～1000℃，炉膛兑冷后出口温度≤350℃。

（6）冷风阀 0％，环风阀 20％～80％，排风阀 50％～80％。

（7）控制出磨温度慢速升温，升温速度≤60℃/h，最终保持出磨温度 85～90℃，为投料生产做准备。

4. 热风炉关闭（正常情况下的熄火操作）

（1）依次降低流量调节阀、助燃风阀、助燃风机进口阀，保持出磨温度逐步下降。

（2）主控操作流量阀调节至 0％，关闭电动密封蝶阀。

（3）前后电动蝶阀 0％，盲板阀关闭位。

（4）主控关闭气动快切阀，现场关闭烧嘴手动阀 0％。

（5）逐步降低助燃风阀、助燃风机进口阀，缓慢降低炉膛温度到 400℃ 以下，助燃风阀 0％，风机进口阀 0％，停助燃风机。

5. 停炉后的阀门确认

（1）烧嘴手动阀 0％，气动快切阀关闭、高低流量调节阀 0％，盲板阀关闭位，电动蝶阀 0％，手动蝶阀 100％。

（2）兑冷风阀 0％，助燃风阀 0％，助燃风机入口阀 0％。

（3）冷风阀（放散阀）100％、环风阀 100％、排风阀 100％。

（4）检查人员签字确认。

（5）采取水封的，及时注水。

第5章 矿渣立磨运行管理

5.1 概　述

运行管理，是对矿渣粉立磨生产线工艺参数、设备状况的管理，因此，每一位矿渣立磨管理者、操作控制者，对工艺设备必须了如指掌。

根据工艺设计和生产线设备的实际状况，按照功能区域，一条矿渣立磨生产线的设备通常划分为：

上料系统、磨机系统、返料系统、成品系统、润滑加载系统、电气自动化系统、热风系统、公辅系统 8 个子系统。

系统划分是为了便于设备和现场管理，也是为自动控制设置组启、组停划分设备归类。

矿渣立磨运行管理的核心是保持工况稳定、控制磨机振动。只有保持磨机平稳运行，才有可能实现高产低耗运行。

5.2 系统划分

在系统划分的同时，对系统内主要设备简单描述，便于管理。

5.2.1 上料系统

1. 计量皮带。
2. 上料皮带。
3. 自卸式除铁器。
4. 滚条筛。
5. 管式螺旋给料机。

5.2.2 磨机系统

1. 主电机。
2. 主减速机。
3. 磨盘。
4. 磨辊。
5. 选粉机。
6. 磨机本体。

7. 喷淋系统。

5.2.3　返料系统

1. 磨内风环。
2. 输送设备。
3. 封闭回转式除铁器。
4. 回转锁风阀。
5. 铁仓、废渣暂存仓。
6. 系统单机除尘器。

5.2.4　成品系统

1. 出粉管。
2. 收粉器。
3. 成品输送斜槽。
4. 取样器。
5. 成品斗提一用一备。
6. 入库斜槽、卸料阀、料位计。
7. 库顶除尘器。
8. 均化装车系统。

5.2.5　润滑加载系统

1. 主电机润滑站。
2. 主减速机润滑站。
3. 磨辊润滑站。
4. 智能干油润滑站。
5. 磨辊加载站。

5.2.6　电气自动化系统

1. 高压系统：
含进线柜、PT 柜、开关柜、变频柜、启动柜、补偿柜、变压器。
2. 低压系统：
含进线柜、补偿柜、动力柜、控制柜、现场操作箱。
3. PLC 系统、仪表系统、不间断电源。
4. 主控电脑及操作控制系统。
5. 照明系统等。
6. 网络、通信、监控系统。

5.2.7　热风系统

1. 炉前：燃气管道、阀门、流量计（盲板阀、电动蝶阀、流量计、流量阀）、气动快切阀、手动密封阀。

2. 燃气热风炉。

3. 混风室：含应急放散阀、冷风阀、龙门截止阀等，循环风入口。

4. 入磨管道、调节阀。

5. 主风机。

5.2.8   公辅系统

1. 压缩空气系统（或氮气系统）。

2. 循环供水系统（一用一备）。

3. 给水排水系统。

根据工艺方案不同、磨机规格大小、设备配置还可以细分或合并。系统划分是为了便于管理，没有统一标准，比如成品系统还可以划分为：收粉系统、成品输送系统、成品储运系统等，可根据现场实际情况，合理调整。

5.3   矿渣立磨工作原理

立磨工艺方案分一级收粉与二级收粉两种。

矿渣粉采用一级收粉工艺，二级收粉多用于水泥生料的生产。所以，本资料只讲述一级收粉工艺的矿渣立磨工作原理。

5.3.1   上料系统

1. 原料

矿渣从高炉出渣口熔岩态出炉，经冲渣池或粒化泵，水淬后形成高炉粒化矿渣，进渣池暂存冷却，抓斗机沥水后进储存装车槽，后经皮带、汽车、铁路等运输方式到达原料堆场。

2. 计量

经过堆存 1 个月的生产用矿渣，通过料斗、棒条阀、调节溜子、计量皮带计量后，由上料皮带送至入磨装置。

为保证磨机运行安全，在上料皮带上安装 2 级自卸式除铁器，将矿渣中的铁件在入磨前排出，进入磨装置前，经过一道滚条筛，将杂物筛离。

3. 入磨

常用的入磨装置有管式螺旋给料机、锁风分割喂料机、气动翻板阀、重锤翻板阀等。其作用是物料通过及锁风。需要说明的是：气动双翻板阀结构复杂、故障率高、穿心管极易磨穿，是制约稳定、连续生产的重要隐患。

矿渣立磨通常采用管式螺旋给料机。

5.3.2   研磨系统

矿渣经锁风给料机进入磨内，首先落在磨盘中心，在离心力和刮料板的作用下，被甩入研磨区。经磨辊与磨盘的碾压，被粉磨后的物料越过挡料圈进入风环。

进入风环的物料分以下几部分：

大部分物料被吹起后再次落回磨盘，被反复碾压研磨。经过研究分析，一粒矿渣变成矿渣粉，至少经过 7 次以上碾压研磨。

较细的物料被热风吹起，在升起的过程中被热风烘干、上升，穿过选粉机静叶片形成一定角度的高速气流。

经选粉机动静叶片的切削，合格的细粉通过选粉机转子缝隙，经出粉管出磨。较大颗粒的物料在重力的作用下，通过选粉机集料锥落入磨盘，被再次重新碾压研磨。

越过挡料圈后，粗大、密度较大的颗粒，通过风环落入下机体风箱内，被返料系统的刮料板刮出磨外。

为稳定料层，当入磨矿渣水分较低时，通常以 8％～10％为临界点，需要向磨内加水来稳定料层。

当出磨风温较高需要迅速降低时，也需要向磨内加水。所需水源取自公辅系统的冷却水循环系统。所以矿渣磨还有一套加水装置，这也是与其他磨机的不同之处。同时，喷水系统还要为今后的节能提质升级改预留接口。

5.3.3　成品系统

经过选粉机转子出磨后的成品，通过管道进入收粉器，收粉器就是袋式除尘器。经收粉器过滤，产品被收集。

收集起来的成品通过收粉器下集灰斗、船型斜槽、三级重锤锁风阀、空气斜槽、斗式提升机、库顶输送设备，进入成品仓。

仓顶的雷达料位计测量显示料位，依据料位，自动或者是手动切换卸料阀，分别入库。为确保产品不溢库，确保成品库安全存储，在仓顶安装旋阻式料位开关，用于满库报警。

成品在输送的过程中需要取样化验，通常每小时一次，分析比表面积和水分是否合格或者超过标准过大，结果通知主控室及时调整。

5.3.4　返料系统

经过磨辊磨盘研磨后，越过挡料圈进入风环的物料大部分被气流吹起落入磨盘反复研磨；较细的物料上升进入选粉机；还有少部分（一般 5％以下）更粗颗粒的物料和密度较大的物料则通过风环落入下机体，被刮料板刮出，经出磨溜槽出磨。

排出的物料经过密闭式输送机、斗提、三通、二级除铁器、锁风喂料机再次进入磨内，与选粉机返料一起落入磨盘重新研磨。

矿渣颗粒内一般含有矿渣总量 1％～2％的铁粒，经过碾压粉磨，从矿渣中分离出来，这部分铁粒需要选出。选出来的铁粒一方面增加经济效益，另一方面减少磨辊磨盘磨蚀，延长设备使用寿命。这是矿渣磨设置返料系统的重要作用之一，也是与煤磨等其他用途的立磨最大的不同之处。

5.3.5　热风系统

1. 热风的作用

进入磨内的物料一般含有 8％～15％的水分，物料在粉磨和流动的过程中，水分被进入磨内的热风烘干，合格的产品通过选粉机转子出磨，成品被收粉器收集后进入成品仓时，产品水分＜1％。

热风由热风炉制造，热风炉有燃煤沸腾炉、燃气烟气炉，钢铁公司一般选择燃烧煤气的燃气炉来制造热风。

2. 循环风

系统的气流由安装在收粉器后的主风机带动，经收粉器过滤后干净的气流被风机吸入，经风机叶片排出。

正常情况下，风机出口风温在 80℃ 以上，为节约能耗，大部分经循环管道、调节阀门、混风室再次进入磨内。为排出烘干物料后气流里的水分，一部分气流经管道和调节阀进入烟囱排入大气。

3. 风量调节

系统风量的调整过去采取调整风机进口阀门的方式，阀门调节的开度与风量虽成正比，但不成线性，准确调整比较困难。所以现在采用更加准确、可靠的方式：变频控制，通过改变风机的转速来调整系统风量。

为到达节能降耗的目的，避免循环风量不足，去往烟囱向大气排放的管道也要加装阀门。

入磨负压、磨机压差、炉膛负压的微调一般采取调整循环风阀的方式。

5.3.6　均化装车系统

成品仓里合格的矿渣粉经过均化，进入装车机，装车计量后出厂。

高炉矿渣经过计量、入磨、粉磨、烘干、选粉、收集、入库，变成合格的矿渣粉以及均化装车的全过程就完成了。

5.4　矿渣立磨启停机

5.4.1　开机前的检查

主要检查如下项目：

（1）磨辊机械限位，确保磨辊与磨盘衬板有 5～10mm 间隙，理论上越小越好，但是，磨辊磨盘属于堆焊面，不可能做到"0"误差，因此，必须有一定的间隙。

（2）蓄能器充氮压力。$P1＝0.66×P$，P 为油缸额定或实际工作压力。

（3）主电机润滑站、减速机润滑站、磨辊润滑站、加载站的油位在临界高位。

（4）冷却水流量、压力；压缩空气或氮气压力。

5.4.2　开机顺序

按工艺流程从后向前，开机顺序如下：

首先开启公辅系统和润滑加载系统，然后开启运行设备。

高低压合闸送电。

开启主控电脑。

开启空压机、循环水。

开启加载站，低压力反复升辊、降辊三次以上。

开启减速机润滑油站、电机润滑油站、磨辊润滑油站、甘油站。

开启库顶除尘器、入库斜槽，检查仓位落实卸料阀开启在低仓位、入库斗提、成品斜槽、收粉器。

开启返料系统：单机除尘器、回转锁风阀、除铁器、斗提、皮带。

开启密封风机。

开选粉机，缓慢升至正常运行频率，切记：不得在低频状态投料运行，否则产品跑粗，造成废品。

开启主风机，在 15～20Hz 运行，调节各阀门，保持热风炉炉膛负压－100～50Pa。

开启热风炉，调节各阀门，系统升温，初次升温速度＜60℃/h，稳定出磨风温90～100℃。

系统备妥，开启主电机。

系统工况达到投料要求，开启管式螺旋给料机、滚条筛、除铁器、上料皮带、计量皮带。

打开喷淋快切阀，做好加水准备。

原料入磨，集中精力观察：有少量返料排除，加压落辊。

投料后，出磨温度迅速下降、磨机压差迅速增加。

主控准确，及时调整热风炉、主风机、各阀门、磨辊压力，迅速恢复、稳定系统工况，保证投料成功、正常生产。

有些老员工在启机过程中稍有不慎、操作不当，由于没有形成稳定料层，也会导致升辊、停料、重新加载。

5.4.3　停机顺序

按工艺流程从前向后，停机顺序如下：

关闭喷水系统。

降低热风炉热量供应。

停计量皮带、停上料皮带、停热风炉。

降压、抬辊（无返料后）。

停主电机（无返料后）。

停返料系统（皮带、斗提、除铁器、锁风阀）。

降主风机频率，10min 后停主风机。

缓慢降频停选粉机。

停成品系统：收粉器、成品斜槽、成品斗提、入库斜槽、库顶除尘器。

10min 后停润滑油站、停水、停气。

停机、入磨检查、检修，切断高低压柜隔离电源，摇出小车，挂牌锁定。

5.4.4　紧急停机

遇到紧急情况，如发生设备事故、人身伤害，直接按急停按钮，立即抬辊、停料，之后按照从前向后的顺序依次停机。

5.5 作业指导

5.5.1 系统工况的建立

相对于煤磨、水泥生料磨来说，矿渣磨系统工况的建立难度较大，其关键原因是矿渣易磨性差，难以形成稳定的料层，即使形成料层也会出现料层不稳导致系统工况发生变化。

初期工况参数主要依据工作经验，参考同类型磨机的相关数据，开机后逐步调整、固定。由于设备安装地理位置的不同、工艺方案的不同、气流管道布置走向的不同，以及原材料性能的差异，即使同厂家、同型号的磨机，其运行工艺参数也不同，每一台磨机都有适合自身的、异于其他磨机的工况参数。

初期基本工艺参数参考，如表5-1所示。

表 5-1　初始工艺参数

序号	位置名称	单位	数据
1	入磨风温	℃	200～350
2	入磨负压	Pa	300～1200
3	磨机压差	ΔPa	2800～4000
4	出磨温度	℃	80～105
5	有杆腔涨紧压力	MPa	6～14
6	无杆腔涨紧压力	MPa	2～3

其他参数如稀油站供油温度、减速机推力瓦、轴承、磨辊振动等参数由设计单位按照设计参数输入计算机，并由计算机自动控制，中控只显示、报警、跳机。

投料后，入磨负压、磨机压差、出磨风温等都会发生变化。随着运行条件的变化，工况参数也会不断变化，因此需要及时调整。

初期工况参数的确立是一项认真、细致、严谨、科学的工作，需要甲乙双方、生产线管理者、主控操作员等通力配合。

在调试初期所有参与的人员要齐心协力、集中精力，尽快建立适合矿渣磨的工况参数，确保磨机投产后连续、稳定、高产、高效运行。

5.5.2 系统工况的稳定控制

系统工况稳定，是指保持矿渣磨连续、稳定、高效运行中的三个重要参数：压力、温度、料批（料批就是给料量：t/h）的平衡。

1. 压力

系统工作压力主要包括：

入磨负压、磨机压差、收粉器压差、涨紧装置压力、炉膛负压、氮气（压缩空气）压力等工艺参数。其中最主要的压力参数是：

磨机压差。

磨机压差由出磨负压与入磨负压形成，是矿渣立磨运行中最重要的工艺参数之一。

矿渣立磨运行过程中，中控操作人员只要稳定控制磨机压差这个工艺参数，基本上就能保证磨机稳定运行。

不同用途、不同规格的立磨有不同的工艺参数，其中矿渣立磨的磨机压差通常在2500～4000Pa。

每一台矿渣立磨都有一个相对稳定的磨机压差，通常在（3000±300）Pa。下面以磨机压差 Δ3000Pa 为稳定工况为例，分析磨机压差变化导致的问题和解决方案。

通常，磨机压差在（3000±300）Pa 以内波动，属于正常现象，注意观察变化趋势，不要做过多人为干预。

以下问题超出正常波动范围，或者是变化趋势较快且继续进行的情况，需要及时处理。观察趋势及时处理，比等结果发生更重要。

① 压差变小

压差变小由以下原因引起：

料层变薄、料床不稳、磨机负荷降低、选粉机负荷降低、出磨温度升高、产品跑粗。

首先应当采取加大料批、增加产能的措施。其次可以采取降低磨辊压力等辅助措施。通常，压差变小很好处理且能很快恢复正常工况。

② 压差变大

压差变大由以下原因引起：

料层变厚、料床不稳、磨机负荷加大、选粉机负荷上升、出磨温度降低。

下面讲述立磨压差升高的具体原因及处理措施。

（1）喂料量大，粉磨能力不够。

处理：根据磨机负荷情况，适当降低料批。

（2）产品太细，内部循环负荷重。

处理：降低选粉机转速（确保质量的前提下）。

（3）选粉机可能堵塞。

处理：停磨检查，清理堵料。

（4）选粉机导向角太窄，限制物料顺利通过。

处理：停磨调整，加大间隙。

（5）挡料圈过高，出料受堵。

处理：停磨调整，降低挡料圈。

（6）刮料板断掉或磨损严重，返料堆积。

处理：停磨检修。

（7）磨内气流量小，影响物料通过选粉机。

处理：提高主风机频率，加大系统风量。

（8）压力取样管发生堵塞，检测不准，造成压差显示假性升高。

处理：通知仪表工处理。

（9）入磨风温太高、风速太快，物料在磨盘上无法形成料层，悬浮在磨内，不能研磨，造成压差高。

处理：降低入磨风温，减缓风速。

2. 温度

温度主要包括：

入磨风温、出磨温度、出袋温度、炉膛温度、炉膛出口温度、循环风温度等工艺参数。其中最主要的温度参数是：出磨温度。

立磨出磨温度是矿渣立磨运行中最重的工艺参数之一。出磨温度是判断工况的重要依据，我们可以根据出磨温度的高低及变化趋势来判断磨机运行工况的变化，采取正确及时的调整操作，保持工况稳定。

（1）出磨温度升高导致的磨机工况变化：

料层变薄、料层不稳、负荷波动、振动加大、返料减少。

（2）出磨温度下降导致的磨机工况变化：

料层增厚、负荷增大、产量下降、振动加剧、返料增多。

（3）出磨温度的变化与磨机循环负荷的关系。

在系统风量、选粉机转速不变的情况下，循环负荷的变化反映了磨机粉磨效率的高低。

（4）循环负荷增加、出口温度下降。

当循环负荷变大时，磨内物料的平均细度变细，使传热面积增加，同时磨内存料量增加也会增加传热面积，从而使气流与物料间的传热速度加快导致磨机出口温度下降。

（5）循环负荷减小、出口温度上升，此时磨机具有较高的粉磨效率。

（6）根据出磨温度的变化合理调整其他参数。

开磨初期随着磨内物料细度的减小，磨机出口温度逐步降低。当出口温度止跌回升时表明磨机内外循环负荷减少，可逐步增加料批。

（7）正常粉磨中的调整。

由于出磨温度对磨内负荷的反馈及时，磨机稳定工作一段时间后，在热风炉供热量没有降低的情况下，如发现出磨温度有降低趋势，可以初步判定磨内物料开始增多，当料层变厚磨机负荷上升，此时可确认磨内物料太多，应尽快减少料批。当出口温度开始上升，磨机功率有所降低时可逐步增加料批。

3. 料批

料批的详细调整在"温度"一节里讲述清楚了。

精心操作、正确控制，努力做到压力、温度、料批三平衡，确保磨机稳定高效运行。

要使磨机发挥最大的生产能力，压力、温度、料批三者保持平衡是关键。当一个参数发生变动，其他参数就会随之变动，如果主控操作人员调整不及时或者调整不正确，系统工况会迅速恶化，甚至导致系统跳机。

4. 影响工况稳定的主要因素

工况不稳定的首要表现就是磨机压差不稳，特别是压差升高。

（1）原料变化

原料水分的变化、新旧矿渣的交替易磨性改变，会导致料层的不稳定，接着就会发生一系列的工况变化：返料增加、磨机压差增大、磨机负荷上升、选粉机负荷增高、系统工况变差，甚至会导致磨机振动幅度加大，如果处理不及时，很快就会因主电机负荷过大、选粉机负荷过大、返料系统负荷过大，特别是振动超限等其中一个原因导致系统跳停。

（2）出磨温度的变化

出磨温度受各种因素影响：料批的变化，原料水分的变化，燃料压力、热值的变化等都会导致出磨温度发生变化。当出磨温度发生变化时，磨机压差也会随之发生变化。

一般情况下，出磨温度下降的过程中，磨机压差会短时间跟随下降；出磨温度上升的过程中磨机压差会上升。其原理是气体密度、气体压强、气体粉尘浓度的变化。

当出磨温度发生变化时，及时采取正确措施，保证出磨温度相对稳定。出磨温度在一定范围的变化，会导致磨机压差变化、磨机振动，初期不会导致变化超限跳机，但是一定要尽快采取正确措施。

（3）张紧装置压力发生变化

由于液压系统的问题，导致不保压或保压性能不好、磨辊压力会缓慢降低、频繁泄压补压等意外，从而导致研磨能力下降、返料增加、压差上升，如果采取措施不及时，很快会导致跳机。

（4）喷淋系统问题

喷淋系统的水压不稳、流量阀工作不稳定、流量计计量偏差、喷淋管出口堵塞等，都会导致喷淋水的水量不准确，从而导致磨机振动、返料增大、压差升高，甚至引起振动跳机。

（5）计量皮带误差

计量皮带误差，特别是正误差，会导致磨机压差缓慢上升、返料增大、振动加大，甚至引起跳机。

受料斗堵料、空料、计量皮带打滑、短时断料、造成工况快速变化，引起磨机振动、超限跳机。

（6）工艺布置

工艺布置的合理与否决定能否连续、稳定生产，哪怕一处极小的不合理，也会造成磨机工况的不断变化。比如返料口的位置。

如果返料口的位置设置不合理，就会造成进风口渣料堆积，并逐渐积累，有时也会出现进风口渣料突然大量堆积的情况，最终导致进风口面积减小，造成入磨负压升高、风量减少、返料量增大、磨机负荷增大、系统工况变差。此时无论怎么调节都不能恢复正常工况，最终被迫停机。需清理进风口后重新开机，但是这个问题还会再次、反复发生，甚至会伴随这台磨机终生。

在实际生产中会有很多已知的和不明的原因导致系统工况发生变化，虽然导致工况变化的原因很多，但是，通过主控操作人员及时、正确的操作调整，绝大部分的变化都会恢复到基本正常的系统工况，保持磨机连续、稳定、高效运行。

5.5.3　产品质量的控制

1. 概述

产品质量的两个重要指标：第一是活性，第二是比表面积。

活性来源于原料矿渣里的硅酸盐，矿渣是炼铁废渣，高炉大小不一、矿粉矿石来源不一，成分差异很大，炼铁过程中，废渣生成的硅酸三钙、硅酸二钙及游离钙等组分不同，加之高炉炉况的动态变化，矿渣的品质也有变化。

活性是矿渣品质决定的，不是矿粉生产过程能控制的。

把 7d 活性不达标的责任推给矿粉生产管理者，都是霸道行为。

在生产中，生产管理者唯一能做的就是控制产品的比表面积，也就是说，在生产过程中，产品的比表面积代表了产品质量。

2. 质量与产能和能耗的关系

产品质量和能耗、产品质量和产能都是不可调和的矛盾，国家标准要求 S95 级矿渣粉的比表面积 $\geqslant 400 m^2/kg$，为了保证产品质量，我们在实际生产中一般控制比表面积 $\geqslant 420 m^2/kg$，因此，在保证质量的前提下，尽可能地发挥设备的生产能力，达到高产、低耗的目的。

3. 质量控制范围

根据化验结果，一般 1h 一次进行比表面积分析，必要时可随时取样分析，及时调整选粉机转速，保证产品质量符合标准要求。

产品比表面积的波动是正常的，当比表面积 $< 410 m^2/kg$ 时提高选粉机转速，$> 430 m^2/kg$ 时降低选粉机转速，在 $410 \sim 430 m^2/kg$ 之间可以不做调整。这也是一个摸索、总结的过程，要求主控操作人员和管理者认真、努力、科学、尽快掌握，总结出最合理的系统参数，以保证生产合格的产品。

4. 调整办法

产品质量的调整在实际生产中有很多方法：

提高质量：降低料批、降低系统风量、减小磨机压差、加大磨辊压力、加快选粉机转速。反之则降低产品质量。

调整产品质量最有效、最快捷的方法是调整选粉机转速。

选粉机的主要用途就是调整产品质量。提高转速，通过选粉机转子的物料颗粒就细小，产品的比表面积增大；降低转速，通过选粉机转子的物料颗粒就粗大，产品的比表面积减小。

在生产实际操作中，主要是调整选粉机转速来控制产品的比表面积。

5. 问题与解决

为保证产品质量，当提高选粉机转速后，磨内的回料增加，系统负荷会加大，磨机压差也会变化，系统工况随之发生变化。

主控操作员要及时适量的调整。比如：降低料批、增加风机转速、增加磨辊压力等措施，以保证在质量合格、产量不降的同时保持系统工况基本稳定，确保磨机连续、稳定、高产、低耗、高效运行。

当磨机负荷已经接近或达到额定参数时，调整选粉机转速后，只有调整料批来平衡系统工况。

5.5.4　返料系统的作用和控制

1. 返料的作用

矿渣磨不同于其他用途立磨的一个重要环节就是有：

返料系统（外循环系统）。

返料系统有两个主要作用：一是稳定工况，二是选铁。

2. 可观效益

返料中含有投料总量 0.1% 左右的铁，这些铁要从返料中选出，这些选出来的收益，可以完全保证矿渣粉生产线全员的工资和管理费用或可有余。

如果没有返料系统，就没有选铁的过程，这些可创效益就流失了，经济效益的损失只是一个方面。

3. 延长设备使用周期

如果没有返料系统，密度较大的铁粒会在磨盘上沉积，反复对磨盘和磨辊的堆焊耐磨层进行研磨，加速了研磨体的磨蚀，降低了研磨体的使用寿命，也就增加了运行成本。通过返料，将矿渣中的铁粒清除，一方面可以直接增加经济效益，另一方面减少了研磨体的磨蚀，延长了研磨体的使用寿命。

4. 返料量的控制

返料要控制一个合适的量，如果返料量太少，起不到应有的作用，无法从中选出铁粒和减少研磨体的磨蚀；如果返料量太大，会造成系统工况变差，影响稳定运行。

因此，观察返料状况是稳定系统工况的一个重要手段，返料量减少甚至没有也是不正常的，此时应当采取加大料批、降低系统风量等措施恢复正常返料。一般控制返料量在料批的 5% 以下，以达到减少研磨体磨蚀、连续稳定运行的目的。

建议返料系统选用密闭回转式除铁器，设置在返料斗提后，2 级对置，把返料中的铁彻底选干净。

5. 观察和调整

主控操作人员通过监控，认真观察返料皮带上排出物料的状态，个人的经验是：突然大量排渣，或者一旦发生粉状物料从返料口排出，说明系统工况已经变差，此刻需要及时调整，尽快恢复正常工况。

调整的办法一般是提高风机转速、增加磨辊压力，以达到降低磨机压差、稳定工况的目的。

如果磨机负荷已经趋于饱和，主电机电流达到额定，磨机压差超过正常 10% 等，则应降低料批，达到降低返料外排的目的。

5.6　磨机振动

磨机振动包括磨机本体、磨辊和减速机。造成磨机振动的原因有很多，通过 30 年的实践经验，我认为引起立磨振动原因有以下几个方面：

5.6.1　责任心

磨机工况随时发生变化，如出磨温度、磨机压差等，若中控操作工精力不集中、走神、犯困等，没有及时调整，将导致工况恶化，引起磨机振动。

因此，中控操作工必须高度集中精力，实行一岗双人制。

因计量皮带短时缺料、断料，恢复后计量皮带自动补料；清理落地料；清理溜槽粘料、清理堵料等原因导致料批瞬时增大，引起磨机振动，很可能引发振动超限跳机。这种情况只能靠加强中控操作工的责任心、提前联系其他岗位员工、预先降低料批来解决。

铲车上料、皮带岗位和中控岗位紧密配合，避免受料斗断料、悬空，避免新旧料无比率混搭；避免高水分底层矿渣大量不均匀上料；避免在皮带工开始清理工作时，中控操作工未提前短时降低料批。

再次强调：运行中，观察电流、压力、压差、温度等变化趋势，并及时处理，比等待结果发生更重要。这需要的是责任心！所以我把责任心放在首位。

5.6.2　料层不稳

料层过薄或过厚都会导致磨机振动，这时需要及时采取措施稳定料层，恢复正常工况。在生产实际操作中可采取以下措施：

1. 料层薄

料层过薄引起振动。

通常情况下，料层过薄是一个缓慢的过程，引起的磨机振动较小。由于现代立磨都有磨辊上、下位电子和机械限位装置，即使磨盘无料，也不会产生剧烈振动引起跳机，除非磨机下机体强度不够，机械限位受力变形，造成磨辊磨盘接触，引起剧烈振动，这是设备质量问题。

当料层过薄导致磨机振动时，采取加大料批、降低磨辊压力、加大喷水、稳定料层、降低主风机频率、提高选粉机转速等措施恢复。

当前磨辊大都有料层厚度和转速检测，料层变化会及时显示，除非中控操作工不负责任。

2. 料层厚

入磨料批过大→料层变厚→研磨能力降低→物料不能及时被研细→磨内存留不合格粉料较多。

系统风量不足，风环风速减小→不能将合格粉料及时带出系统外→磨腔内循环浓度变大→粉状物料又回到磨盘上→加厚料层。

由此恶性循环导致料层托起磨辊过高甚至堆在磨辊前，引起磨机振动。此时，应及时减少喂料量，加大系统风量，确保出料畅通。

料层过厚，特别是磨辊前堵料，往往瞬间引起磨机剧烈振动，甚至引发保护跳机。当料层过厚导致磨机振动时，首先分析导致料层变厚的原因并采取正确的处理方法。

如果是磨机负荷逐渐增大，也就是主电机电流逐渐上升导致的料层变厚，采取降低料批的措施。如果是磨内工况变化，如磨机压差升高引起的料层变厚，采取加大磨辊压力、加大系统风量的措施。

当产品质量有富裕时，如比表面积超过 430m²/kg，可以降低选粉机转速，减少磨内回料，逐渐恢复料层稳定。

当出磨温度下降，引起磨机负荷、磨机压差变化、料层变厚，采取热风炉加大燃气量、提高供热量的措施，如果已经达到了热风炉最大供热量，或者是因燃气热值下降，供热量不足，只能采取降低料批的措施稳定工况。

5.6.3　系统风量不合理

系统风量过大时，物料在磨内停留时间短、出料量大、料少而振动；风量过小时，物料在磨内停留时间过长，造成过粉磨，差压高而振动。

另外，当入磨物料水分增加或减少，入磨风度突然升高或降低，风量风压急剧变大或变小，都将直接影响到立磨的通风量。此时如果调节不及时，引起振动是难免的。因此，当入磨物料水分增加时，通过相应减少喂料量、减少或停止喷水、提高入磨风温、加大立磨通风量来解决。

5.6.4　挡料圈高度不合适

挡料圈太低，不能保持一定料层，料层过薄将引起振动；挡料圈太高，料层厚，出料不畅，压差高将引起振动。

当磨机存在挡料圈或高或低的问题时，适当调整挡料圈的高度。如果是料层过薄引起的振动，则加厚挡料圈提高挡料圈高度，反之则降低挡料圈高度。

5.6.5　辊缝固定调整

采取上述措施后仍然频繁振动跳机，就要检查调整固定辊缝，一般主辊 5～10mm，辅辊 15～25mm，关键是辊缝一致。

当然，最重要的还是下机体有足够强度，在机械限位最大受力时不变形，能够撑得住摇臂的巨大压力。

5.6.6　进入杂物

特别是进入大块铁、合金，会导致剧烈振动，一旦出现剧烈振动，应立即升辊、停机、停料，避免发生因剧烈振动造成磨盘衬板、磨辊套断裂以及磨辊轴承、减速机齿轮副、轴承损坏导致的严重事故。

停机后，打开磨门，待磨内温度降到常温，进入磨内，查明原因、排除故障后，允许再次开机。

5.6.7　紧固松动

特别是磨辊套紧固螺栓的松动会造成磨机振动，所以在初期要频繁检查磨辊套螺栓是否松动，每次停机都要打开磨门检查磨辊螺栓是否松动。

磨机运行初期特别容易发生磨辊螺栓松动的情况。其他部位螺栓松动也会造成磨机振动。例如：减速机底座螺栓、主电机底座螺栓、摇臂轴承座、摇臂固定螺栓等。因此，螺栓的紧固十分重要，特别是磨辊套螺栓的紧固，无论什么原因，每次停机都要检查磨辊套螺栓的紧固状态。

5.6.8 严重设备问题

磨盘衬板断裂、磨辊轴断裂、磨辊轴承损坏、减速机齿轮点蚀及损坏等严重设备故障都会导致磨机、减速机剧烈振动。

5.6.9 加载站问题

加载站传感器工作不稳定，频繁泄压、补压；站内阀台内泄不保压、液压缸串油、管路泄漏；蓄能器氮气压力不正确，个别破包、失压；油路内气体未排净引起气爆等诸多原因，都会导致磨辊压力波动，引起磨机振动、跳机，甚至不能正常启机，无法运行。

5.6.10 喷水系统

矿渣磨还有一套喷水系统，当原料矿渣水分≤10%时（不同的磨机有不同的适应性），就要向磨内喷水，以稳定料床。

喷水量小引起振动。喷水量小→差压高→料层薄引起振动。

当喷水压力、流量变化，喷水装置操作执行不顺畅，甚至损坏、管路、喷嘴堵塞等原因，都会导致喷水不正常，导致磨机振动，甚至跳机。

因此，建议喷淋系统有一路单独供水系统或者在供水管路采取稳压措施。

5.7 节能降耗

矿渣磨的能耗主要是两个方面：电耗和热耗。高产与低耗并不矛盾，二者相辅相成，与工艺、设备、操作有着密不可分的关系，下面分别讲述。

5.7.1 原料合理的堆存期限

多年的实践经验、多次的试验表明：

堆存一个月以上的矿渣，经过自然裂解、游离氧化钙水化等过程，相对易磨性指数有很大的改善，而且活性基本不受影响（表5-2）。

表 5-2　新旧矿渣对比实验记录

新旧矿渣对比试验						
时间	投料量（t/h）		检验（m²/kg）		主电机	选粉机
	旧料	新料	比表面积	水分%	电流（A）	频率（Hz）
8：00	58		422		105	27.7
9：00	58		413		103	27.3
10：00	58		415	8.8	101	27.1
11：00	58		420		102	26.8
12：00	58		413		99	26.7

续表

新旧矿渣对比试验						
	投料量（t/h）		检验（m²/kg）		主电机	选粉机
时间	旧料	新料	比表面积	水分％	电流（A）	频率（Hz）
13：00	新旧过渡	58	405		105	26.7
14：00		58	398	11.1	108	28.0
15：00		56	407		106	28.3
16：00		55	405		105	28.5

1. 旧料水分 8.8％，投料 58t/h，比表面积平均 417m²/kg，主电机电流平均 102A。

2. 新料水分 11.1％，投料 55t/h，比表面积平均 404m²/kg，主电机平均电流 106A。

3. 如果达到同等质量（比表面积），产量还要下降至少 3t/h。

4. 新料水分比旧料高 2.3％，折合干粉同比率下降。

易磨性的改善，可以大幅度降低电耗。堆存时间过长，超过三个月，一般会自然板结，给上料造成困难，同时产品活性会降低。因原料场地受限，至少堆存 10 天以上使用。

刚出炉的新矿渣对产量、比表影响较大，既不利于提高产量、降低电耗，也不利于稳定质量。

为此，我做过多次试验：在选粉机不调整的情况下，同样的矿渣，新矿渣和堆存 1 个月的矿渣相比，比表面积至少下降 15 个百分点。提高选粉机转速，达到同样比表面积，产量降低 10％。

因此，实际生产中建议使用堆存 1～3 个月的矿渣。

5.7.2 电耗

一台立磨电耗的高低取决于以下几个方面：

1. 全部选择超高效率电动机。

2. 工艺设计是否合理

工艺是灵魂。工艺设计是否简洁、合理，是一台矿渣立磨能否高效运行的关键。

其中热风系统工艺设计是核心。系统风量、系统风速、管道通径、收粉器过滤面积等设计需合理。

上料系统、入磨系统、喷淋系统、返料系统、收粉系统、成品系统、加载润滑系统、冷却系统、电气自动化系统设计是否可靠、合理是将来稳定运行的重要因素。

3. 主机配置是否合理

（1）主电机、主减速机

依据原料的 Bond 功指数进行主电机配置。

前面已经讲过：没有 Bond 功指数的设备配置都存在很大的不确定性。主电机配置是否合理直接决定了单位电耗的高低。配置过低，设备不能发挥其设计能力，造成电机过载，势必会造成电耗升高；配置过大，长期在低负荷运行同样会造成更大的浪费，只有合理的配置才会有高效的发挥。

减速机速比的合理配置更加重要。针对矿渣粉的特性，保持磨盘边缘合理的线速度，是减速机速比设计的重要参数，也是磨机设计制造的核心技术。速比小了，线速度高，物料在磨内停留时间短，不能有效研磨。还会造成主电机负荷增大；速比大了，线速度低，物料不能顺畅甩出磨盘，造成过粉磨，降低整机效率。

（2）选粉机

选粉机电机功率配置、减速机速比设计是否合理也会影响系统电耗。尤其是减速机速比的合理设计尤为关键。

选粉机的动静叶片、转子的通过面积是否按照 S95 级矿渣粉设计，同样影响系统电耗。

（3）主风机

主风机和电机的配置是否合理同样重要。主风机的风压、风量计算是否正确，选型是否合理，直接影响系统电耗，过高或过低的不合理配置都会造成系统电耗的升高。

5.7.3　热耗

电耗的高低十分重要，同样，热耗也不容忽视。一台立磨热耗的高低取决于以下几个方面：

1. 工艺管道设计是否合理。工艺管道设计是否简洁流畅，管道通风面积计、系统风速计算是否合理，直接影响热耗。

2. 节能设计是否合理。热能利用是否充分，如循环风使用是否充足、兑冷是否采用循环风，直接影响热耗。

3. 保温措施是否到位。保温措施是否到位是影响热耗的主要因素：

（1）所有管道、设备、磨机本体在没有外保温的状态下，外壳表面温度＜65℃。

（2）热风炉出口到混风室≥350℃的部位做双层内＋外保温，其中内保温为硅钙板加喷涂双层设计。

（3）混风室到入磨口做喷涂内保温＋外保温。

（4）除热风炉、热风管道外，全系统散热面积最大的就是磨机本体，所以磨机本体的保温尤为重要。

磨机本体采取合适的保温措施还可起到耐磨作用，有效延长设备使用寿命。因此，磨机本体自进风口、排渣落料槽底边、侧边、下机体、中机体、上机体、出粉管、选粉机回料锥斗全部做内耐磨保温。

（5）收粉器、收粉器后热风管道、环风管道全部做外保温。

（6）收粉器采取保温和防雨措施后，在冬季、雨季保证进出口温差＜5℃，其他时间温差＜3℃。

（7）设备选型。大家都知道，锥辊磨机出磨温度需要 100℃才能稳定工况，轮胎辊磨机出磨温度 80℃也能稳定运行，由此导致的热耗差异是不可避免的。

通过优化热风系统设计、优化热风系统措施，加上管理，在运行中降低 1m³/t 的气耗，直接降低成本 3 元/t，按年产 100 万吨矿粉，每年可节约燃料成本 300 万元，效益可观。

5.7.4　优化操作

在工艺设计、设备配置基本定型后，剩下的就是操作问题了。

大家只要按照本章节所讲的内容，认真操作，使各项参数充分适应你所管理的立磨，保持系统温度、压力、料批的平衡，达到最佳工况，使每台立磨在相对高效、低耗状态下长期稳定运行。

第6章 矿渣立磨问题警示

立磨用于矿渣粉生产始于 21 世纪初。矿渣立磨虽然是成熟设备，但是，当前仍然存在诸多问题。

部分属于设备设计缺陷；

部分属于工艺设计不合理和设备选型不当；

部分因为低价中标，承包商采用廉价设备和低质量施工；

部分由于安装问题；

部分因使用管理不当。

作为一个矿渣立磨管理者，首先要有面对问题的勇气；其次要具备发现问题的能力；最后要有解决问题的正确方法。

所有问题应当引起建设者、使用者的高度关注和警惕，从设计规划开始，避免这些问题在新的矿渣粉项目里再次发生，避免任何一条矿渣立磨生产线再次发生类似问题。

1. 底板

某品牌 3700S 矿渣立磨，主电机 2000kW，配置 2200kW 减速机。

调试投产运行 1500h，减速机出现振动，检查发现平衡轴齿轮副损坏，返厂修复。修复后安装使用一个月，平衡轴齿轮副再次点蚀、振动，降负荷运行。

承包商只承担直接损失，造成的巨大间接损失由甲方自己承担。最终甲方花 190 万采购某著名品牌两级传动减速机更换。

拆除旧减速机，新减速机安装前，本书作者对底板水平度安装误差复检，使用 2500mm 平尺和 0.01mm/m 水平尺检测，实际误差＞0.44mm/m，超出最大允许安装误差 10 倍以上。

底板打磨只能采取现场人工打磨的方式（图 6-1）。打磨用了半个月，打磨后底板标高降低，减速机中心高变化，并与电机底板产生了一定的角度。

通常，电机底板在设计时，电机中心高低于减速机输入轴中心高 1mm，以便调整联轴器的同轴度误差，当减速机底板打磨后，不仅降低了高度，还产生了角度，所以，导致联轴器同轴度调整十分困难。

因底板水平度严重超限，减速机倾斜安装，输入轴不水平、输出轴不垂直，这是减速机提前损坏的原因之一。

底板经打磨，复检水平度达到≤0.02mm/m 的误差精度，安装新减速机，短期内满负荷运行，至今已稳定运行 5 年多。

建议安装和监督人员，再次打开"矿渣立磨安装管理"，重新学习有关底板的安装知识，避免发生重大设备事故。

图 6-1　人工打磨安装误差超限的底板

2. 主电机

某品牌矿渣立磨，配置长沙产某品牌 2000kW 主电机。

调试运行 1000h，碳刷、集电环烧蚀，拆开发现：集电环同轴度严重不合格，旋转时集电环摆动、跳动，导致打火、烧蚀、损坏（图 6-2）。

拆除拖离，返厂修复，刚刚启动的市场被迫放弃，造成较大损失。

图 6-2　烧蚀严重的碳刷

3. 进料装置

（1）中心进料

进料装置选择气动双翻板阀，使用中翻版执行机构糊料严重，导致翻板粘料启闭不到位，漏风严重、系统负荷加大、工况不稳（图6-3）。

图6-3　堵塞的翻板阀和磨穿的中心下料管

原料冲刷磨蚀，穿心管易磨穿，选粉机上部空间有限，加之高空作业，维护极其困难。

某品牌中心进料矿渣磨，入磨穿心管磨穿，造成选粉机转子、轴承等部件严重损坏，拆除现场更换。

图6-4为两个案例。

（2）侧边进料

侧边进料的矿渣立磨，中心下料管也出现堵塞问题。出料口在选粉机集料锥内堵塞。

堵塞的主要原因：一是原料与返料没有做分离独立入磨，返料出斗提后落入上料皮带，与原料混合后一起入磨；二是选粉机内返料集料锥干粉料与原料没有独立分开入磨，存在设计失误或是施工中偷工减料、省去双套管。

堵塞后，引起一系列设备故障：

管式螺旋给料机堵机跳停；磨机断料、振动、跳机。

选粉机返料在集料锥内堆积，直到选粉机转子被堆料卡死，轻则引起保护跳机（图6-5），重则导致转子变形，破坏动平衡，再开机引起磨机晃动。

杜绝任何形式的干湿料混合入磨，比如返料落入原料皮带或给料机、选粉机返料与原料在下料管混合，这是解决磨内下料管堵塞的根本措施。

干湿料入磨系统首先设计完善：

原料与选粉机返料双套管，做到干湿分离、独立入磨；

原料经给料机入磨后经中心下料管独立入磨；

磨外返料入磨后与选粉机返料经外套管一起入磨。

图 6-4　更换入磨穿心管

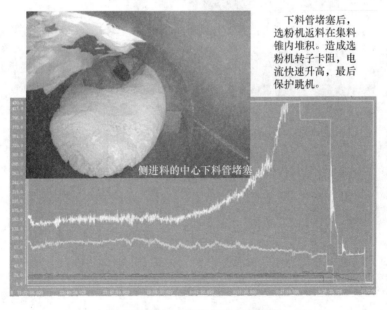

下料管堵塞后，选粉机返料在集料锥内堆积。造成选粉机转子卡阻，电流快速升高，最后保护跳机。

侧进料的中心下料管堵塞

图 6-5　运行中堵塞的中心下料管

还有严格施工管理，防止偷工减料，简化施工过程。

4. 联轴器

无论是主减速机联轴器还是主风机联轴器，无论是膜片联轴器还是鼓形齿联轴器，法兰为配对精密铰制孔，连接螺栓为高强度精密螺栓。

联轴器制造商必须提供螺栓规格等级扭力表，安装必须使用力矩扳手，按标准扭力拧紧螺栓，确保螺栓拧紧扭力准确、一组螺栓受力均衡。

如果采取大锤击打扳手力矩杆的方式拧紧螺栓，第一，有可能超过螺栓的屈服强度，螺栓被拉伸；第二，无法保证一组螺栓受力均衡，运行中会发生不明原因的振动超限，螺栓、膜片、器身断裂等问题。

出现设备事故，检查同轴度完全符合误差标准，甚至误差趋近于"0.000"，仍然会发生如图 6-6 所示严重设备事故，很可能是螺栓拧紧造成的。

图 6-6　联轴器器身断裂、铰制孔高强度紧密螺栓断裂

5. 磨辊润滑

磨辊内润滑油路设计不合理。

双套管供油、回油，进油口与回油口距离较近；

回油泵选型不当；

管道设计和施工存在问题等。

其中任何一个问题的存在，都会导致磨辊润滑不良、轴承温度升高、回油不畅、大量溢油（图 6-7）。

图 6-7　磨辊润滑气孔溢油

　　某 3700S 矿渣磨磨辊润滑，从调试开始就溢油，采取多种措施，先后更换射吸泵、隔膜泵、齿轮泵等，甚至加装回油站，但润滑、降温和正常回油没有找到平衡点，溢油问题未彻底解决。

　　直至现在，仍然经常性的大量溢油，靠频繁补油来保证磨机正常运行。其根本原因是磨辊内部润滑油路设计缺陷。

　　供油量低了，磨辊轴承温度高；供油量高了，回油不及时造成气孔外溢。

　　6. 摇臂及张紧装置

　　（1）设计失误

　　某品牌 5700S 矿渣磨，摇臂设计出现重大失误，臂肩过高，卡阻磨辊，磨辊无法从磨内翻出，如图 6-8 所示。

　　经设计单位重新计算，反复核对，采取现场切割摇臂的方式解决问题。

图 6-8　摇臂设计失误

　　（2）锁紧螺栓

　　某品牌 3700S 矿渣磨，摇臂辅助锁紧螺栓经常断裂，给安全生产造成隐患（图 6-9）。经反复查阅图纸，加工与设计不符，螺栓规格、等级均与设计不一。

　　（3）张紧装置

　　液压缸拉环断裂、轴断裂（图 6-10）。类似问题属于设备配置问题，液压缸拉环和轴的机械强度不够，运行中发生断裂。

图 6-9　摇臂锁紧螺栓断裂

　　由于磨机机架空间有限，很难更换大规格液压缸。摇臂下球头孔距固定，液压缸上拉环也很难增加尺寸。

图 6-10　液压缸断裂的拉环和轴

　　正常的液压缸后端盖和下拉环应为整体锻件加工，这是一个缸体后端盖和下拉环焊接构造的产品。即便是焊接构件，坡口深度、熔池深度都不够，仅表面焊接，使用初期尚未加载到工作压力，下拉环和后端盖断裂（图 6-11）。

图 6-11 液压缸下拉环断裂

7. 磨辊

（1）安装问题

在安装时没有严格控制，磨辊轴承座的标高、分度、角度等原因，导致磨辊与磨盘相对位置不正确，磨机在运行中，磨辊和磨盘往往出现异常磨蚀。

很多安装人员不知道磨辊与磨盘的设计原理和实际相对位置，甚至设备制造商不提供详细的安装图，任由安装人员随意安装，投入运行后，导致磨辊磨盘出现非正常磨蚀，同时，磨机产能也很难发挥。

磨辊吃大头属于安装问题（图 6-12），也是常见问题。简单说，安装时标高控制不严或安装不正确，导致磨辊轴承座低了，或者是磨盘高了。

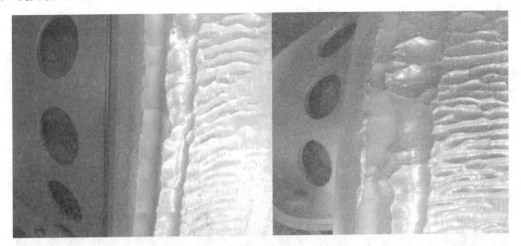

图 6-12　磨辊大头非正常磨蚀

　　除了吃大头，还有吃小头。属于严重的安装失误，就是磨辊轴承座安高了或者是减速机、磨盘安低了。磨辊吃小头的情况比较少见，甚至难得一见。一点也不冤枉这家安装公司，对立磨一窍不通，无知蛮干，图 6-13 是一例吃小头十分严重的情况。

图 6-13　磨辊小头磨蚀严重

　　磨辊吃大头或者吃小头，大都是安装标高控制不严造成的，基本上属于永久性缺陷，不可能再回到安装程序进行修改了，只能在每次堆焊修复时，对磨盘的角度进行适当修正，对磨辊 R 角适当调整，以期达到改善使用状况的作用。

（2）堆焊层脱落

每次堆焊后，使用初期往往出现磨辊大头堆焊层大面积脱落的情况（图 6-14），造成磨辊耐磨堆焊层大面积脱落的主要原因有三个方面：

一是焊材品种和施工质量导致新旧结合不好；

二是锥辊的特点和安装问题，大头受力集中所致；

三是基材疲劳，需要更换新的胎基。

图 6-14　堆焊层脱落

（3）磨辊轴承

因骨架油封损坏，磨辊内矿渣粉被污染，磨辊轴承辊柱发生点蚀、硬面脱落、破碎等常见问题，如图 6-15、图 6-16 所示。

图 6-15　磨辊轴承辊柱严重点蚀

图 6-16　被污染的润滑油和轴承脱落的金属

8. 下机体

存在使用管理问题及设计问题。

某品牌矿渣磨，因下机体刮料板、挡料圈存在设计和施工质量等问题，在运行过程中不注意检查，固定螺栓松动脱落，刮料板从刮料版支架松脱，造成挡料圈、刮料板、下机体变形、撕裂的严重设备事故（图 6-17）。

图 6-17　撕裂的下机体

9. 风环

　　存在严重设计缺陷的磨机：无风环（图 6-18）。导致磨内气流、物流紊乱，机壳、集料锥、人孔、磨门等部位被冲刷磨蚀、磨穿，漏料漏风。

图 6-18　缺失风环的下机体

　　因磨内气流紊乱，局部减压造成结露，磨辊上方粉料结露（图 6-19）。

图 6-19　磨内粉料堆积并结露

10. 减速机

（1）某品牌 4600S 矿渣磨，减速机平衡轴发生严重故障，拆除现场见图 6-20。

图 6-20　减速机拆除现场

（2）某品牌矿渣磨配套 6300kW 主减速机。

春节后开机，因润滑油供油管路被冷凝水结冰堵塞，检测、报警、跳机等保护系统全部失效，导致减速机轴承被烧毁严重设备事故（图6-21）。

图 6-21　减速机轴承烧毁

（3）某矿渣磨配置6300kW主减速机，检测、报警、跳机等保护系统全部失效，减速机内高速包润滑油堵塞，轴承缺油状态运行，造成减速机内润滑油高温燃爆，推力轴承移位，高压油管全部拉断的严重设备事故（图6-22）。

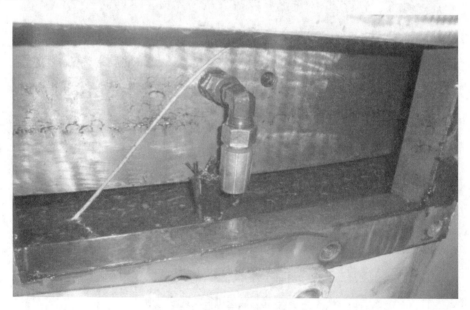

图 6-22　推力瓦高压油管断裂

（4）某品牌矿渣磨，配置2240kW三级减速传动立式行星减速机。在调试过程中平衡轴齿轮点蚀，返厂维修。

修复安装后，减速机振动造成频繁跳机，勉强运行一个月后检查，平衡轴齿轮副再次点蚀、损坏（图 6-23）。

图 6-23　平衡轴点蚀

（5）某品牌 4600S 矿渣磨，选用三级传动减速机，在调试中，减速机二级平衡轴小齿轮严重损坏（图 6-24）。

图 6-24　平衡轴严重点蚀

（6）矿渣磨中三级传动减速机，在调试运行到1000h左右，减速机二级平衡轴小齿轮发生点蚀，造成减速机振动，频繁跳机（图6-25）。

图6-25 平衡轴点蚀

（7）某品牌立磨减速机平衡轴齿轮损坏，维修现场（图6-26）。

图6-26 平衡轴严重点蚀损坏

通过大量的减速机事故总结分析，三级传动的立式行星减速机，平衡轴齿轮副发生问题的概率较高。

11. 选粉机

单片现场安装选粉机静叶片，运行中固定轴磨蚀、断裂，叶片倒向转子，造成运转中的转子卡阻、刮伤变形，失去动平衡导致损毁（图 6-27）。

图 6-27　单片现场安装选粉机静叶片固定轴磨蚀断裂

12. 收粉器

收粉器主要问题是布袋破损，提前失效（图 6-28），主要原因：

一是磨机出磨温度控制不好，超标高温风经过布袋，对布袋造成伤害；二是反吹压力过大；三是袋笼涂装油漆质量不达标，热熔粘连造成布袋损伤；四是布袋选型不当或质量瑕疵。

图 6-28　损坏的收粉器布袋

13. 热风管道

热风管道设计强度、板材壁厚不够，钢材材质选择不当，管道加强筋不足甚至缺失，开口处补强圈、加强筋缺失，特别是内保温设计、施工措施不当或偷工减料，任何一项问题的存在或发生，将导致热风管道在使用中发生内保温脱落，锚固钩、支护网被烧蚀，管道变形直至塌陷（图 6-29、图 6-30）。

图 6-29　严重变形的热风管道

因内保温设计、施工不当，造成热风炉出口部位管道内保温脱落、支护网、锚固钩烧蚀、管道损坏。

图 6-30　损坏的热风管道

热风管道一般设计为滑动或简易滚动支座。特别强调的是：管道与管托固定，管托与支座之间滑动，而不是管道与管托之间滑动。

　　管托与支座被焊接，不能滑动，管道与管托直接被动滑动，造成管道磨损、保温层被反复伸缩损伤、脱落（图 6-31）。

图 6-31　施工错误的管托

　　廉价材质的滑动补偿器，短时间破损，造成漏风严重，系统负荷增高，电耗、热耗升高（图 6-32）。

图 6-32　短期损坏的滑动式补偿器

　　图 6-33 中问题的原因是补偿器补偿量不够，加之管道与管托焊接、管托与支座焊接的施工错误，导致收缩量无处释放，管托起拱变形（图 6-33）。

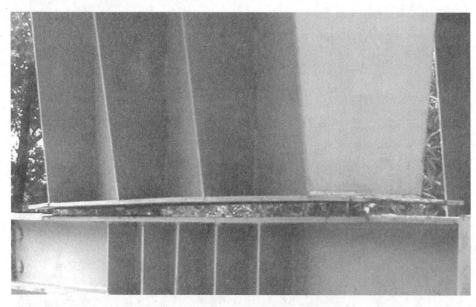

图 6-33　管托起拱

14. 返料扬尘

　　工艺设计失误：返料系统没有密封、没有废渣仓、没有除尘器。当启机、停机、工况不稳定时，返料排渣口就是这个糟糕的样子（图 6-34）。在当前环保形势下，发生这样的扬尘情况，一次被举报，恐怕就得"关门大吉"。

图 6-34　返料扬尘

15. 其他

在生产现场，各种问题千奇百怪，没有不发生的事故，只有想象不到的场景。

除主机外，输送提升设备也会发生严重故障，照样导致系统停机。例如，撕裂整条上料皮带，润滑油被加热冒烟，加载油管破裂后高压油四处喷射，成品斗提钢丝胶带突然断裂（俗称下面条）（图 6-35），装车机不能关闭，库底跑灰一大堆等，不再一一列举。

图 6-35　成品斗提钢丝胶带断裂（俗称下面条）

这些问题，基本上都能在招标过程中得以解决，在技术协议谈判中再次避免。问题的关键是，建设单位得有专业人士参与。

希望各位同行业者，通过本章节的学习，避免上述问题在矿渣立磨的管理中再次发生。

第7章　钢渣安全有效应用初步研讨

本书作者自 1989 年始，以三十年持之以恒的精力，专注立磨的工艺方案和运行管理。

2013 年转战钢铁行业，各大钢企的钢渣堆积如山，大量占地、污水渗漏，环保责任压力山大。

及时、妥善处理钢渣，已经是各大钢企的当务之急。

在实际工作中，接触或参与钢渣的处理工作，结合自己的实践经验，尝试探讨钢渣处理，与业界有识之士互相学习，研讨钢渣安全可行的处理方案。

钢渣解决方案基本思路

当前，我国的钢铁企业，无论是长流程的转炉，还是短流程的电弧炉，一次钢渣处理大部分采用泼渣工艺或固态闷渣工艺。

钢渣成分的不确定性是炼钢工艺所决定的，在此不做钢渣化学成分的分析和探讨，成分分析意义不大，因为成分波动太大，本书仅从现实层面，针对性地研讨钢渣切实可行的解决方案，力求做到无害化处理。

泼渣工艺所生产的钢渣有如下特点：

① 液相到固相为完全转化，玻璃体含量低、活性差。

② 未裂解粒化，形成大块钢渣，Bond 功指数较高。

③ 存在含量不确定的过烧 f-CaO 和 f-MgO。

有些企业曾经将钢渣破碎后，分级筛选，试图做混凝土、路基垫层、墙体材料的集料。

但是，由于钢渣中的过烧 f-CaO 和 f-MgO 水化反应缓慢，在较长的、不确定的时间水化，钢渣的安定性问题随时爆发：体积膨胀、混凝土开裂、墙体材料碎裂、路基起鼓变形，造成严重的建设工程事故。

关于泼渣工艺的钢渣，经过长期观察和试验，加之盲目使用后的惨痛教训，业界达成的共识：钢渣颗粒不可做混凝土的集料。

陈化三年后的钢渣可做砂浆的细集料。

三年的堆存，占地、防渗漏、环保等一系列问题，后果可以说是灾难性的。

堆存三年，安定性问题经过缓慢水化得到部分解决，钢渣水化的过程中，活性基本释放，没有活性的钢渣也就失去了再利用的基础价值。

安定性与活性，对泼渣工艺生产的钢渣，是一对难以调和的矛盾，如何解决这对矛盾，既消除安定性不良问题，又确保一定的活性，是我这次跨界探讨、学习的方向。

经充分除铁后，任何转炉或电弧炉钢渣，采用立磨粉磨工艺，磨细至比表面积大于 400m²/kg，安定性不良问题基本得到解决，其原理如下。

立磨粉磨钢渣，需要在磨盘上形成一定厚度稳定的料床，而形成料床必须有一定的水分。立磨研磨钢渣、矿渣，原料水分通常大于 8% 才能形成稳定的料床，保证磨机工况及设备稳定运行。

钢渣在研磨和随热气流动的过程中，在高温（入磨风温通常 200～350℃）、高水分的环境里，钢渣微粉中的过烧 f-CaO 和 f-MgO 大部分快速水化，生成高活性的 Ca(OH)$_2$ 和 Mg(OH)$_2$，钢渣在粉磨生产过程中，基本解决了安定性问题，同时也提高了活性。

在现有技术条件下，只有把钢渣磨细至比表面积大于 400m²/kg 的粉体物料，而且只有立磨工艺生产的钢渣粉，才能在生产过程中基本解决安定性问题，并确保钢渣的活性不因长期堆存导致陈化降低甚至失效，钢渣粉才有实际可行的、安全稳定的用途。

找准了钢渣问题的症结，找到了解决问题的方向，下面为大家提供三套钢渣处理的可行方案，供业界参考。

钢渣解决方案之一

钢渣在工业化应用中，造成危害的根源是安定性，据此提出解决安定性问题的有效措施：

采用立磨粉磨钢渣，在粉磨过程中，f-CaO 和 f-MgO 被高温蒸汽快速水化，转化为 Ca(OH)$_2$ 和 Mg(OH)$_2$，从而解决安定性问题。

球磨等粉磨工艺，不具备同时粉磨、加水、烘干功能，没有快速水化过程，所以无法解决安定性问题。

本期研讨钢渣工业化安全应用的具体方案。

钢渣粉

当前，泼渣工艺生产的钢渣，安全有效的使用途径是：

立磨工艺生产的粉体物料——钢渣粉。这是快捷高效的钢渣解决方案。

泼渣工艺生产的钢渣粉，不论使用什么粉磨工艺、添加什么激发剂、比表面积磨到多高，反复试验的结果是：活性很难达到一级钢渣粉的标准，或许能达到二级钢渣粉的标准，但不能保证长期质量稳定。因此，不能直接替代部分水泥在混凝土搅拌站使用。

不能稳定达到《用于水泥和混凝土中的钢渣粉》（GB/T 20491—2017）国标产品的标准，不能在混凝土中直接替代水泥，还有其他用途吗？答案是肯定的，解决了安定性问题，有一定活性的钢渣粉仍然有很多用途。

（1）水泥混合材

在二十世纪八九十年代前，矿渣是国内水泥最重要的混合材。

随着科技的发展，矿渣生产矿渣粉直接替代水泥，使用价值陡然升高，水泥混合材从初期依赖矿渣，进而改用火山灰、粉煤灰、炉底渣、沸腾炉渣、烧堆煤矸石。这些可用再生资源部分逐渐枯竭。比如烧堆煤矸石已经用光，掘进煤矸石不再出井，在井下粉碎后直接回填，生熟煤矸石资源均已枯竭；比如粉煤灰被混凝土搅拌站直接利用或加工后利用。

水泥企业未雨绸缪，必须寻求新的、质优价廉的混合材替代资源。

钢渣经立磨粉磨后，钢渣粉的安定性问题得到解决，颜色、密度与水泥基本一致，活性比其他混合材相对较高，无疑是一种优质的水泥混合材替代资源。

当前，我国钢铁和水泥，可以用两个 10 亿吨来估算年产能。年产 10 亿吨钢，产生 1.2 亿吨钢渣。年产 10 亿吨水泥，按普通硅酸盐水泥 8 亿吨混合材 15％，砌筑水泥 2 亿吨混合材 30％，共计年需求混合材 1.8 亿吨。

水泥工业全部消耗钢渣粉，尚有 6000 万吨混合材的缺口。

钢渣粉在水泥行业的推广使用需要认知和检验的过程。作为混合材，具有优越的性价比、可替代性，当其他混合材濒临枯竭、资源匮乏时，供不应求的局面指日可待。

钢渣粉作为水泥混合材在水泥工业应用，质量把关的关键点是：是否采用立磨工艺生产。

特别是 M32.5 砌筑水泥标准的出台，混合材大量使用。钢渣出现在固废名录，钢渣粉作为水泥混合材，特别是生产 M32.5 砌筑水泥，掺加量超过 30％，可享受国家固废利用的优惠免税政策，为公司创造更大效益。

基于免税的优惠政策，建议钢铁公司建设或并购水泥粉磨站，主要生产 M32.5 砌筑水泥，作为混合材大比率掺加立磨钢渣粉，一步到位，解决公司所产的全部钢渣。

（2）脱硫剂

钢渣粉作为钢渣粉脱硫法新技术的脱硫剂，在烟气脱硫中已经有工业化应用。关于钢渣脱硫，网上内容很多，也有一些成功案例，请读者网上查阅。

钢渣解决方案之二

讲述了泼渣工艺生产的钢渣，安全有效利用的一种方法：立磨工艺生产钢渣粉。可用作水泥混合材、脱硫剂。

继续研讨钢渣工业化安全应用的具体方案。

1. 生产复合矿渣粉

在现有或新建立的磨矿渣粉生产线上，采取有效的技术措施，可添加 15％以内的钢渣，生产完全符合 S95 级矿渣粉标准的复合矿渣粉。

当前，大部分矿渣粉公司为降低成本、提高效益，掺加各种固废，尤其是钢铁厂，掺加钢渣是首选。

解决泼渣工艺生产的钢渣，生产复合矿渣粉是个优选方案，特别是新国标《用于水泥、砂浆和混凝土中的粒化高炉矿渣粉》（GB/T 18046—2017）于 2018 年 11 月 1 日实施后，为钢渣处理提供了可行方案。

7d 活性由原来的 75％调整为 70％，烧失量由 3％调整到 1％，这些调整为添加钢渣提供了有利条件，但对添加其他固废起到了制约作用，比如低密度、高烧失量的固废很难添加，为降低成本随意添加，很可能造成产品检测超标，比如烧失量。

为此我利用现有生产线，进行钢渣掺加粉磨试验。

（1）试验情况。

按不同比率添加钢渣进行粉磨试验，按照《用于水泥、砂浆和混凝土中的粒化高炉矿渣粉》（GB/T 18046—2017）矿渣粉的标准，等量替代做活性检测，检验结果如表 7-1 所示。

表 7-1　钢渣掺加活性试验记录

龄期	矿粉	5%	10%	15%	20%	30%	50%
7d1	77	74	72	70	65	58	55
7d2	76	73	71	69	68	59	55
7d3	76	74	67	64	59	52
7d 平均	76	74	71	69	66	59	54
28d1	97	101	99	99	95	90	84
28d2	97	98	94	93	92	89	80
28d3	98	98	95	94	92	88	81
28d 平均	97	99	96	95	94	89	82

通过试验结果可知，在矿渣粉中掺加钢渣，会导致矿渣粉活性降低，掺加比率越大，降低越大。

基于矿渣粉 7d 活性 76%，掺加 15% 的钢渣，复合粉的性能已经降到国标的临界点，完全没有富裕量，稍不谨慎，产品可能变废品。

有些同行曾经介绍经验：适量添加石灰石、石灰、钢渣等碱性辅料，会提高 7d 活性。而我做过石灰石、轻烧石灰、干法脱硫灰、钢渣的添加试验，结果是没有作用，至少是没有明显效果，当掺加量超过 3%，一律呈下降趋势。

（2）使用激发剂。

添加钢渣后的复合矿渣粉，按照不同的比率，活性有所降低，为达到《用于水泥、砂浆和混凝土中的粒化高炉矿渣粉》（GB/T 18046—2017）的标准，稳定质量，需要在生产中使用激发剂，提高 7d 活性，这是国家标准允许使用的。

不同的矿渣粉，对不同的激发剂有不同的适应性。同样地，一个矿渣粉对不同的激发剂也有不同的效果，这需要合作的激发剂厂家针对性的改变配方。

分别从山东、辽宁等激发剂公司，寻找 7 份激发剂样品，做添加激发试验，用一个矿渣粉作为样本，活性检验结果如表 7-2 所示。

表 7-2　激发剂对比试验记录

编号	矿粉	801	802	803	804	805	806	807
7d	69	68	70	72	74	74	73	73
28d	97	99	98	98	97	97	95	97

通过试验得知：多数添加剂对 7d 活性有一定的提高，对 28d 活性作用不大。其中 804、805 两款激发剂，对样品的 7d 活性有较大幅度的提高。

因条件所限，样本数量和试验次数较少，试验结果的可靠性、稳定性有待进一步验证。

（3）钢渣添加比率的确定。

基于矿渣粉活性75％以上的基础，通过使用激发剂，按照15％的添加量，在保证产品质量的前提下，基本保证稳定生产，长流程钢企在生产矿渣粉的同时，可以消化部分转炉钢渣。当矿渣粉的7d活性在70％左右徘徊，停止添加包括钢渣在内的任何辅料。

河北某钢厂，正在建设120万吨/年复合粉生产线，设计钢渣掺加量30％，期望全部消化公司所产钢渣。本人对如此高比率掺加持有疑问，期待投产后的实际生产结果。

所产复合粉能否达到《用于水泥、砂浆和混凝土中的粒化高炉矿渣粉》（GB/T 18046—2017）的标准，主要看纯矿渣粉的基础活性。钢渣的不稳定性根本无法控制不再多言，就矿渣粉而言，铁矿粉来源不同、高炉炉况不同、烧结矿碱度不同、造渣工艺工况不同，对矿渣粉7d活性影响很大，通常情况下，矿渣粉的7d活性在75％左右，有时也会在70％左右，国家标准的制定和调整，也是依据矿渣粉的实际情况确定的，在矿渣粉中大量掺加钢渣，理想很好，现实太难。

泼渣工艺的钢渣粉，掺加比率在15％以内较为客观现实。

（4）掺加方式

掺加方式有两种：磨前掺加和磨后掺加。

① 磨前掺加：

设置一套计量皮带，按比率配料，经上料皮带一起入磨粉磨。

优点是计量准确、掺加均匀。

缺点是因物料密度不同、Bond功指数相差较大，出磨成品颗粒级配不匀、产生过粉磨、增加磨机负荷，钢渣在磨盘沉积、加速磨盘磨辊磨蚀、造成磨机工况不稳、增加操控困难、加大磨机振动、减少主要设备如磨机减速机、缩短磨辊轴承的使用寿命等诸多不利因素。

② 磨后掺加：

钢渣粉单独用立磨粉磨、储存，在矿渣粉生产的同时，用计量给料设备，如螺旋计量给料机，按比例在入库设备上掺加。

优点是生产管理简单、磨机运行平稳，钢渣粉独立储存，可实现产品多用途，掺加比率可调。

缺点是掺加均匀性较难控制。

③ 方式选择：

磨后掺加是首选。

钢渣产量大于年产20万吨，建议建设钢渣立磨生产线，选择单独粉磨、磨后掺加方式。

2. 填充用低强度胶凝材料

煤矿等井下开采的矿山企业，在开采资源的同时，掏空的矿洞随时有冒顶的可能。近几年矿震频发，地面塌陷，引发地质灾害。已建成的铁路、公路，经过采空区，突发地面下沉，造成重大财产损失，甚至引发重大交通事故。治理采空区引发地质灾害，已经是一项刻不容缓的重大课题。

填充用胶凝材料，不需要很高的强度，因此，用很少熟料（5％左右）＋脱硫石膏＋大比率的钢渣，生产填充用低强度胶凝材料，用于治理采空区地质灾害，是个优先的选项。

　　当前，北京科技大学、北京安科兴业科技股份有限公司正在推进钢渣基的工业化充填试验，届时，钢渣将大量使用，彻底解决钢渣堆存的危害。

钢渣解决方案之三

　　泼渣工艺生产的钢渣，安全有效利用的一种方法：

立磨工艺钢渣粉。

四种用途：

水泥混合材、脱硫剂、复合矿渣粉、填充胶凝材料。

本节讲述钢渣优化解决方案：采用熔融钢渣有压热闷工艺。

熔融钢渣有压热闷工艺有别于以往的固态热闷渣工艺。采用熔融钢渣有压热闷技术，以熔融钢渣在密闭的体系内倾翻、辊压破碎、有压热闷为主要特征，实现了钢渣的资源化处理和热能回收。

钢渣处理过程中，f-CaO 快速消解，尾渣 f-CaO 含量低于 3％，浸水膨胀率小于 2％，满足建材资源化利用的基本要求。

采用熔融钢渣有压热闷工艺，钢渣性能得到改善：

① 裂解粒化，降低 Bond 功指数，改善易磨性。

② 晶相不完全转化，玻璃体含量增加，活性提高。

③ 消解大部分 f-CaO 和 f-MgO，解决了安定性问题。

熔融钢渣有压热闷工艺处理后的钢渣，活性得到提高，易磨性和安定性得到改善，安全性和使用性提高，为工业化应用奠定基础。热闷渣经破碎、选铁后，通过以下两种方式，可以全部安全地作为建材资源利用。

　　1. 生产一级钢渣粉

全部生产符合《用于水泥和混凝土中的钢渣粉》（GB/T 20491—2017）标准的一级钢渣粉。

一级钢渣粉可有如下用途：

（1）作为混凝土的掺合料，替代部分水泥直接在混凝土搅拌站使用。

热闷渣立磨钢渣粉通常能达到一级钢渣粉的标准，虽然属于有国家标准的产品，但是混凝土搅拌站对安定性的顾虑始终存在，在一定时期内，钢渣粉在混凝土搅拌站直接替代水泥有较大的阻力。

（2）作为水泥混合材，在水泥厂大量掺加，泼渣立磨钢渣粉已经有成功应用，热闷渣立磨钢渣粉更加安全、更加容易推广使用。特别是 M32.5 砌筑水泥，可以掺加大量热闷渣工艺、立磨生产的钢渣粉。

　　2. 生产复合矿渣粉

基于矿渣粉 7d 活性较高的基础，可以较大比率掺加，最大可达 30％，在生产矿渣粉中掺加，通过生产复合矿渣粉的方式，消化全部钢渣。

虽然掺加比率较大，但热闷渣性能得到改善，基本可以达到 S95 级矿渣粉国家标准的各项指标。

通过改造钢渣工艺，无论是生产一级钢渣粉还是复合矿渣粉，长流程钢铁公司的转炉钢渣都能得到全部解决，创造较大经济效益。

改造钢渣工艺需要投入资金、增加占地，现有钢厂是否有足够改造空间，投入产出比是否经济可行，也是需要考虑的因素。

3. 小结

立磨工艺钢渣粉有四种用途。

（1）水泥混合材

立磨工艺钢渣粉用作水泥混合材，已有成熟应用，在安全性、经济性、符合有关标准上都没有问题，这是解决钢渣的最佳措施。

（2）复合矿渣粉

很多矿渣粉公司，为降低成本、提高效益，掺加各种固废。

掺加后产品也能达到《用于水泥、砂浆和混凝土中的粒化高炉矿渣粉》（GB/T 18046—2017）S95级矿渣粉的各项指标，但毕竟不符合标准中"4　组分与材料原料/4.1矿渣/4.2天然石膏/4.3助磨剂"，属于不符标准的无证产品。

现有国家标准下，在矿渣粉生产过程中掺加任何固废一律属于违规！这点没有争议，只是监管部门和用户有没有追究而已。

既然产品达到标准指标，标准又不能用，则说明标准落后于产品的进步和发展，阻碍固废的有效利用。有关部门应当积极作为，尽快修改和完善有关标准，使固废应用走向合理、合法的轨道。

（3）脱硫剂有应用，但用量有限。

（4）低强度胶凝材

正在研发中，期待尽快出结果，大量消化固废。

有关钢渣工业化的安全有效利用，欢迎有识之士共同探讨，消灭固废，变废为宝，提高效益！

总之，在现有技术条件下，钢渣利用的基本原则是：

① 只有立磨工艺生产的粉体物料，才有安全有效的实际用途。

② 为安全起见，无论f-CaO和f-MgO含量多少、无论作何用途，建议出磨矿渣粉，每批次都要做安定性检验，待安定性检验合格，方可出库。

③ 在现有技术条件下，钢渣颗粒不可做混凝土的集料使用。

相信随着科技的进步和发展，钢渣会有新的、更有价值的用途。

参考文献

[1] 王书民. RM25/12立式磨进料装置的改造 [J]. 水泥, 2000 (2)：46.

[2] 张志宇, 袁凤宇, 袁文献, 等. 立磨系统通风量计算 [J]. 中国水泥, 2010 (9)：62-64.

[3] 韦传稳, 刘永峰, 等. 联峰钢铁60万t矿渣微粉生产工艺实践 [J]. 现代冶金, 2009 (4)：19-20.

[4] 吴智刚, 吴志强, 等. 国产大型矿渣立磨的应用及调试 [J]. 中国水泥, 2008 (3)：68-70.

[5] 李建华, 张震, 孙小建, 等. 超大型水渣立磨的开发及应用 [J]. 江西建材, 2016 (23)：62-63.

[6] 肖其中, 袁凤宇, 李晓光, 等. HRM立磨的开停机顺序和联锁关系 [J]. 水泥工程, 2010 (1)：47-48.

[7] 董鲁闽, 张平, 姚敏娟, 等. 年产60万吨矿渣微粉生产工艺实践 [J]. 中国粉体技术, 2016 (6)：103-106.

[8] 谭凤林, 李晓光, 屠威, 等. HRM型立磨结构设计及制造 [J]. 中国水泥, 2007 (1)：68-69.

[9] 吴智刚, 赵建华, 吴志强, 等. 国产LGMS4624矿渣立式辊磨机电气控制 [J]. 矿山机械, 2008 (9)：68-70.

[10] 中华人民共和国国家标准. 用于水泥、砂浆和混凝土中的粒化高炉矿渣粉：GB/T 18046—2017 [S]. 中华人民共和国国家质量监督检验检疫总局, 中国国家标准管理化委员会. 2017：12.

[11] 中华人民共和国国家标准. 用于水泥和混凝土中的钢渣粉：GB/T 20491—2017 [S]. 中华人民共和国国家质量监督检验检疫总局, 中国国家标准管理化委员会. 2017：9.

后 记

欣闻王书民先生的《矿渣立磨概论》编著完成，倍感激动。这是我们立磨行业的一件大事，为我们应用立磨的所有企业提供了一本完整版教材。我与他因立磨相识，因文学相知。作为多年好友，尽管尚未谋面，但是共同的文学爱好和对立磨工艺的执着追求，让我俩走得更近。

多年来一直从他的公众号里学习立磨生产的心得体会，也为自己的企业解决了很多困难。当他邀我为这个专著写篇文章的时候，我激动不已、忐忑不安。德才疏浅，恐不足以描述先生之坦荡情怀，推辞不过，谨以为记。

王书民，男，1964 年出生于山东新泰。1985 年毕业于山东建筑材料工业学院工程测量专业，毕业后就业于某国有水泥厂，主要从事技术改造和生产管理工作。工作期间敬业爱岗、乐于奉献，当选为新泰市第十四届人大代表。

1989 年，该厂承担了国家经委和国家建材局的技改项目，引进立磨，改造我国水泥工业生料制备系统。他全程参与了项目进展，引进德国 KRUPP-POLYSIUS 公司的立磨设备和制造技术。国家安排该厂承担立磨设备引进，合肥水泥研究设计院消化吸收设计制造，我国由此开始了立磨国产化生产。

王书民先生从 1989 年起开始接触立磨，迄今已有三十余年。他作为国内较早从事立磨生产管理的专家，曾于 2000 年在《水泥》杂志第二期发表《RM25/12 立磨进料装置的改造》专业文章，得到了国家建材局有关领导、国内几大水泥研究设计院有关专业人士和德国专家的高度赞扬，为我国立磨技术的推进做出了一定贡献。2008 年原单位政策关停后，他辗转国内各地，先后在辽宁渤海摩擦技术公司、阳泉众辉建材公司、山西中阳钢铁、江苏长强钢铁磨粉厂、福建三宝钢铁集团从事立磨生产管理工作，涵盖了水泥厂、矿粉厂及大型钢铁集团等应用立磨的各类企业。管理过的立磨有进口、国产、锥辊、轮胎辊、双轮胎辊，辊架式、摇臂式，辊数有二、三、四、六个，磨盘直径从1100mm 到 6300mm。在多年的实践中，无论在建厂规划、安装调试、实操生产还是技术改造和钢渣应用等方面都积累了丰富的经验。这些经验是他大半人生智慧的结晶，也是立磨行业的宝贵财富，尤其对于新办企业来说更是弥足珍贵。不仅能让这些企业少走弯路，减少投资，更能让他们节能降耗、提产增效、安全环保，增强市场竞争力。

王书民先生是个热心肠的人，无论立磨群里哪个企业出现问题，他都是有问必答，悉心指导，在业内很有声誉。因其在家行二，文学作品中笔名"二哥"，众人皆以二哥尊称。他有很高的文学修养，时常记录生活的点点滴滴和身边的人文趣事，用真情实意描述生活。2019 年长篇小说《舀子》获奖，得到了国内文学界好评，并被知名文学杂志《文学高地》聘为编委，经常参加国内的一些文学活动。他的这种良好的生活习惯和深厚的文化内涵也对他总结立磨工艺技术有很大的帮助。很多工程技术人员，有会干不会说的，有会说不会写的。他不仅有丰富的实践经验，还能够用通俗易懂的语言把枯燥乏味的专业知识转化为科普文章，实为立磨行业之幸。他多次和我表示，自己在立磨行业摸爬滚打这么多年，能够把心得体会留下来，不图名利，只是想为这个行业留一份资料，让后人知道他们的祖辈无枉此世足矣。这是一位行业专家最质朴的心声，更是我们立磨人学习的榜样。

张新杰

2020 年 2 月 8 日夜于山东郯城